高职高专机械制造类专业系列教材

公差配合与技术测量
（微课版）

主　编　王玉梅

副主编　李晓琴　张国刚　方　力　宋全胜

西安电子科技大学出版社

内 容 简 介

本书是结合机械类及近机械类高职专业的职业特点和技能需求编写而成的。通过学习本书，学生能够识别图纸的精度要求并应用合适的量具对尺寸误差进行检测。

本书采用了最新的国家标准。全书共 7 章，主要内容包括尺寸公差的国家标准、几何公差的国家标准、表面结构、圆锥的公差、光滑极限量规以及尺寸误差的检测等。

本书可供机械类及近机械类高职学生使用，也可供机械制造业工程技术人员及机加工操作者参考。

图书在版编目(CIP)数据

公差配合与技术测量：微课版 / 王玉梅主编. --西安：西安电子科技大学出版社，2024.8
ISBN 978 - 7 - 5606 - 7205 - 2

Ⅰ. ①公⋯　　Ⅱ. ①王⋯　　Ⅲ.①公差—配合②技术测量　　Ⅳ.①TG801

中国国家版本馆 CIP 数据核字(2024)第 058681 号

策　　　划　刘玉芳
责任编辑　买永莲
出版发行　西安电子科技大学出版社（西安市太白南路 2 号）
电　　话　(029)88202421　88201467　　　　邮　　编　710071
网　　址　www.xduph.com　　　　　　电子邮箱　xdupfxb001@163.com
经　　销　新华书店
印刷单位　咸阳华盛印务有限责任公司
版　　次　2024 年 8 月第 1 版　　2024 年 8 月第 1 次印刷
开　　本　787 毫米×1092 毫米　1/16　印张　10.5
字　　数　243 千字
定　　价　35.00 元
ISBN 978 - 7 - 5606 - 7205 - 2 / TG
XDUP 7507001-1

＊＊＊ 如有印装问题可调换 ＊＊＊

前　言

机械检测为产品质量提供保障，是生产中不可或缺的重要环节，是制造业工程师必备的基本技能。"公差配合与技术测量"是高等院校机械类和近机械类专业的一门重要的基础课。该课程的教学目的是使学生了解公差基础知识，掌握尺寸误差检测的方法。

本书依据机械类及近机械类专业的职业特点和技能需求，结合高职类专业的人才培养方案编写而成，内容覆盖了生产实践过程中常用的专业知识。

本书结合生产实践的案例来解释国家标准的基本概念，内容贴近生产实践的需求，同时根据高职专业学生的特点，内容多以图表格式展现；习题则主要是根据教学过程中学生不易理解的知识点编写的，难度由浅入深，有助于学生循序渐进地掌握专业知识。

本书的内容主要包括尺寸公差、几何公差和表面结构三部分内容，同时还介绍了尺寸误差检测的常用量具和方法，并且对生产实践过程中常用的圆锥和光滑极限量规也进行了简单介绍。

本书由王玉梅担任主编，李晓琴、张国刚、方力、宋全胜共同参与了编写。本书在编写过程中得到了天津中德应用技术大学基础实验实训中心领导和机械基础教研室全体教师的大力支持，在此表示感谢。

尽管编者为本书的编写付出了大量的时间和精力，但是由于编者水平有限，书中疏漏和不妥之处在所难免，敬请广大读者指正。

编者

2024 年 1 月

目　录

第1章　绪论...1

1.1　课程概述...1

一、课程性质...1

二、课程内容...1

三、课程作用...1

1.2　加工误差和公差.......................................2

一、加工误差...2

二、公差...4

1.3　互换性...4

一、互换性的作用...5

二、互换性的分类...5

1.4　标准与标准化...6

一、标准与标准化的概念...................................6

二、中国标准化的历史渊源.................................6

三、标准的划分...7

四、各类标准的区别.......................................8

习题...8

第2章　尺寸公差的国家标准.................................9

2.1　长度单位...9

一、法定长度单位...9

二、英制长度单位...9

三、法定长度单位与英制长度

单位的换算..10

2.2　一般公差..10

一、一般公差的概念......................................10

二、一般公差的作用......................................10

三、一般公差的标准......................................11

四、一般公差的图样表示..................................11

2.3　尺寸、偏差、公差术语和定义..........................12

一、研究对象——孔和轴..................................12

二、有关尺寸的定义......................................13

三、有关偏差的定义......................................14

四、尺寸公差带图..15

五、尺寸公差标注规范....................................16

2.4　标准公差与基本偏差..................................17

一、标准公差系列..17

二、基本偏差系列..21

三、尺寸公差带代号......................................22

四、孔、轴基本偏差的转换规则............................25

五、尺寸公差在图纸上的标注形式.........................26

六、常用的公差带代号....................................26

2.5　配合..27

一、间隙配合..28

二、过盈配合..29

三、过渡配合..31

四、配合公差..32

五、配合公差带图..32

六、基准制..35

七、配合代号在图样上的标注.............................37

2.6　配合的选择..37

一、基准制的选择..38

二、公差等级的确定......................................39

三、配合代号的确定......................................41

习题..45

第3章　几何公差的国家标准...............................48

3.1　概述..48

一、几何要素..48

二、几何公差项目..49

三、几何公差带的标注....................................50

四、几何公差带..52

3.2　形状公差..54

3.3　位置公差..57

一、基准和基准体系......................................57

二、方向公差..57

三、位置公差 60

四、跳动公差 63

习题 65

第4章 表面结构 67

4.1 概述 67

一、表面粗糙度对零件使用性能的

影响 68

二、表面粗糙度的常见术语 68

4.2 表面粗糙度的主要评定参数 70

一、轮廓的算术平均偏差 Ra 70

二、轮廓的最大高度 Rz 71

三、表面粗糙度评定参数的选择 72

4.3 表面结构的图样表示法 75

一、基本符号 75

二、符号的含义 75

三、标注示例 78

4.4 常用的表面粗糙度测量方法 80

习题 81

第5章 圆锥的公差 82

5.1 概述 82

一、圆锥表面 82

二、圆锥的几何参数 83

三、莫氏锥度 85

5.2 圆锥公差 86

一、圆锥公差项目 88

二、圆锥公差的给定方法 91

5.3 圆锥尺寸和公差的标注 92

一、圆锥的尺寸标注 92

二、圆锥公差的标注 94

5.4 圆锥配合 97

5.5 圆锥误差的检测 99

一、圆锥量规测量圆锥误差 99

二、正弦规测量锥角 101

三、用精密钢球或精密圆柱测量

圆锥角 101

习题 102

第6章 光滑极限量规 103

6.1 光滑极限量规 103

一、量规使用的注意事项 104

二、量规的公差 104

6.2 包容要求 105

一、术语和意义 105

二、包容要求的含义 107

三、包容要求的标注 107

四、包容要求的应用 107

6.3 泰勒原则 107

一、泰勒原则简介 108

二、光滑极限量规极限偏差的计算 109

习题 112

第7章 尺寸误差的检测 113

7.1 测量基本知识 113

一、测量、检验和检测 113

二、测量误差的定义 114

三、测量误差的来源 115

四、测量误差的分类 116

五、测量精度 117

六、随机误差的评定 119

七、粗大误差的处理 121

7.2 检测流程 123

一、测量方法的选择 123

二、计量器具的选择 124

三、测量基面的选择 131

四、定位方式的选择 132

五、测量条件的控制 132

7.3 量块 133

一、量块的形状、材质和尺寸 133

二、量块的精度等级 134

三、量块的特性和选用 134

四、量块的应用 136

7.4 游标卡尺 137

一、游标卡尺的结构 137

二、游标卡尺的读数 138

三、游标卡尺测量外尺寸的方法 140

四、游标卡尺测量内尺寸的方法 140

五、游标卡尺的保养维护 141

7.5 深度游标卡尺 142

7.6 外径千分尺 143

一、外径千分尺的结构 144

　　二、外径千分尺的测量原理....................144

　　三、外径千分尺的读数方法....................144

　　四、外径千分尺的使用方法....................145

　　五、外径千分尺的维护保养....................146

7.7　内径千分尺....................................147

　　一、内径千分尺的使用方法....................147

　　二、内径千分尺使用的注意事项...........148

7.8　深度千分尺....................................148

7.9　角度测量......................................149

　　一、角度量块....................................149

　　二、刀口形直角尺............................149

　　三、万能角度尺............................150

7.10　指示类量具................................152

　　一、百分表....................................152

　　二、内径百分表............................153

　　三、杠杆百分表............................156

习题..158

参考文献..159

第 1 章 绪 论

1.1 课 程 概 述

一、课程性质

"公差配合与技术测量"是机械类及近机械类专业的一门技术基础课，它是联系设计类课程和制造工艺类课程的纽带。

二、课程内容

通过对"公差配合与技术测量"课程的学习，可获得机械工程技术人员必备的公差配合与检测方面的基本知识和基本技能，如识别图纸上的精度要求，并对其误差进行检测。

该课程主要的学习任务如下：

(1) 了解互换性和标准化的概念和重要性；

(2) 掌握极限与配合的基本概念，以及极限配合标准的主要内容；

(3) 熟悉几何公差国家标准的主要内容；

(4) 会正确选用量具，制订测量方案；

(5) 掌握典型的测量方法。

课程内容

三、课程作用

"公差配合与技术测量"课程具有极强的实践性，主要培养学生以下的能力：

(1) 识别图纸上的精度要求：包括机械图样的尺寸公差、几何公差、表面粗糙度以及图纸技术要求的内容，如图 1.1 所示，为后续车工、铣工及钳工实训打下理论基础。

(2) 正确选择和使用量具：培养学生选用量具、使用量具、分析测量数据的能力，使学生能够灵活运用游标卡尺、千分尺、指示表、量块、量规等量具测量不同类型的工件，并会对量具进行日常的维护保养，同时培养学生的精度意识和成本意识，以及认真对待工作的态度和精益求精的职业精神。

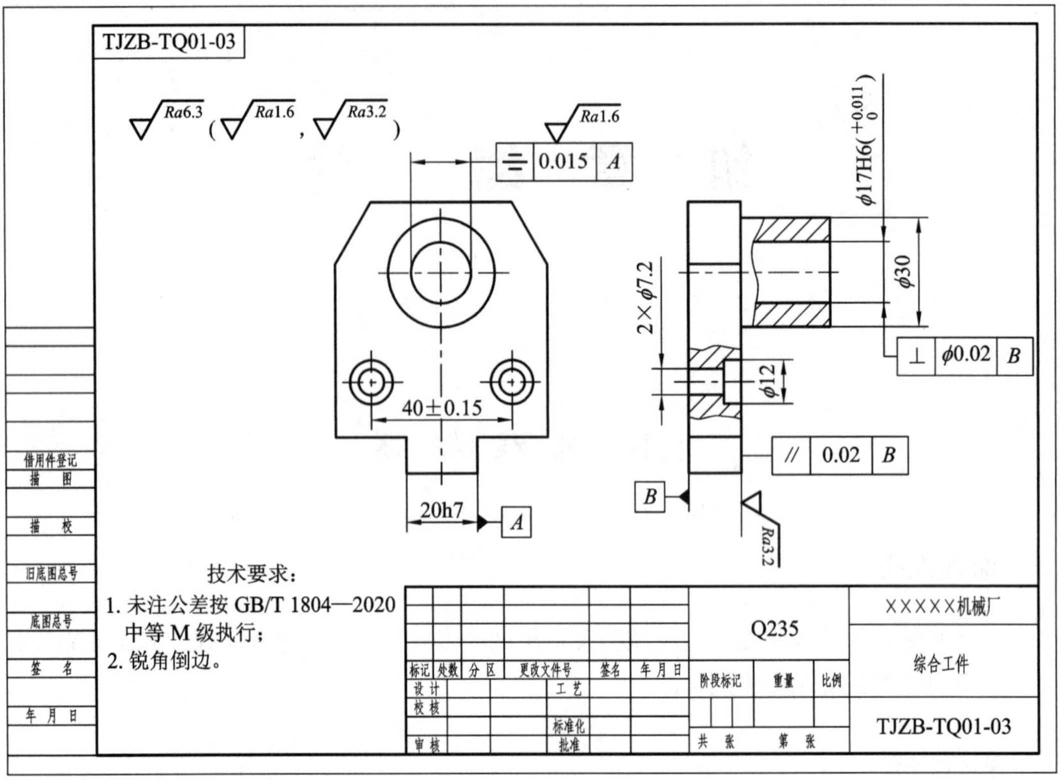

图 1.1　图纸

1.2　加工误差和公差

一、加工误差

　　加工误差是指被加工工件达到的实际几何参数(尺寸、形状和位置)相对设计几何参数的偏离值,是由于工艺系统或其他因素造成的零件加工后实际状态与理想状态的差别。

　　零件的机械加工是在由机床、刀具、夹具和工件等组成的工艺系统内完成的,工艺系统的各种误差会以不同的程度和方式反映为零件的加工误差。所以,加工工件时,任何一种加工方法都不可能把工件加工得绝对准确,同一批工件加工后的尺寸也存在着不同程度的差异。任何加工和测量都不可避免地有误差存在,加工误差的大小反映了加工精度的高低;生产中加工精度的高低是用加工误差的大小来表示的,所谓的精度较高,只是误差较小而已。

1. 加工误差产生的原因

　　加工误差产生的原因是加工前和加工过程中工艺系统存在很多误差因素,主要包括:

　　(1) 原理误差:采用近似的加工运动或近似的刀具轮廓而产生的误差,如用成形铣刀加工锥齿轮、用车削方法加工多边形工件等。

(2) 装夹误差：工件在装夹过程中产生的误差，包括定位误差和夹紧误差。

(3) 测量误差：是与量具、量仪的测量原理、制造精度、测量条件(温度、湿度、振动、测量力、清洁度等)以及测量技术水平等有关的误差。

(4) 调整误差：调整的作用主要是使刀具与工件之间达到正确的相对位置。试切法加工时的调整误差主要取决于测量误差、机床的进给误差和工艺系统的受力变形。调整法加工时的调整误差除上述因素外，还与调整方法有关：采用定程机构调整时，调整误差与行程挡块、靠模、凸轮等元件或机构的制造误差、安装误差、磨损以及电、液、气控制元件的工作性能有关；采用样板、样件、对刀块、导套等调整时，调整误差则与它们的制造误差、安装误差、磨损以及调整时的测量误差有关。

(5) 夹具的制造、安装误差与磨损：机床夹具上定位元件、导向元件、对刀元件、分度机构、夹具体等的加工与装配误差以及它们的耐磨损性能，对零件的加工精度有直接影响。夹具精度应根据工件的加工精度要求确定。

(6) 刀具的制造误差与磨损：刀具对加工精度的影响随刀具种类的不同而不同。

(7) 工件误差：加工前，工件或毛坯上待加工表面本身有形状误差或与其有关的表面有位置误差，都会造成加工后该表面本身及与其有关的表面的加工误差。

(8) 机床误差：机床的制造、安装误差以及长期使用后的磨损是造成加工误差的主要原始因素。机床误差主要由主轴回转误差、导轨导向误差、内传动链的传动误差以及主轴、导轨等的位置关系误差组成。

(9) 工艺系统受力变形产生的误差：工艺系统在切削力、传动力、重力、惯性力等外力作用下产生变形，破坏了刀具与工件间正确的相对位置而造成加工误差。工艺系统受力变形的大小与工艺系统的刚度有关。

(10) 工艺系统受热变形引起的误差：在机械加工中，工艺系统因受切削热、摩擦热、环境温度、辐射热等的影响会产生变形，从而使工件和刀具正确的相对位置遭到破坏，引起切削运动、背吃刀量及切削力的变化，造成加工误差。

(11) 工件残余应力引起的误差：在没有外力作用下或去除外力后，工件内仍存留的力称为残余应力。具有残余应力的零件，其内部组织的平衡状态极不稳定，有恢复到无应力状态的强烈倾向。

2. 加工误差的分类

加工误差可分为以下几类。

(1) 尺寸误差：一批工件的尺寸变动，即加工后零件的实际尺寸和理想尺寸之差，如直径误差、孔距误差等。

加工误差的分类

(2) 几何误差：包括形状误差和位置误差。

形状误差指加工后零件的实际表面形状相对于其理想形状的差异(或偏离程度)，如圆度误差、直线度误差、平面度误差等。

位置误差指加工后零件的表面、轴线或对称平面之间的相互位置相对于其理想位置的差异(或偏离程度)，如平行度误差、同轴度误差、位置度误差等。

(3) 表面粗糙度：零件加工表面上具有较小间距的峰谷所形成的微观几何形状误差。其两波峰或两波谷之间的距离(波距)很小，一般在 1 mm 以下。表面粗糙度越小，则表面

越光滑。

二、公差

公差是指允许的零件尺寸、几何形状和相互位置误差的最大变动范围，用以限制加工误差，如某种产品规格的上极限偏差为 +100 μm，下极限偏差为 +60 μm，那么它的公差就是 40 μm；若上极限偏差为 +100 μm，下极限偏差为 −100 μm，那么它的公差就是 200 μm。公差是由设计人员根据产品使用性能要求给定并把它在图样上明确表示出来的。因为加工时会产生误差，因此要使零件具有互换性，就应把零件的误差控制在规定的公差范围内。机械制造业中规定公差的目的就是确定产品的几何参数，使其变动量在一定的范围之内，以便达到互换或配合的要求。

公差和误差

公差分为尺寸公差、几何公差和表面粗糙度三种类型，它在图纸上的标注形式如图 1.2 所示。公差反映了对一批工件制造精度和经济性的要求，并体现了工件加工的难易程度。公差越小，加工越困难，生产成本就越高。那么公差多大合适呢？在保证满足产品使用性能的前提下，应给出尽可能大的公差，以获得最佳的技术经济效益。加工误差是不可避免的，因此公差值不能为零，且必须是一个正数。

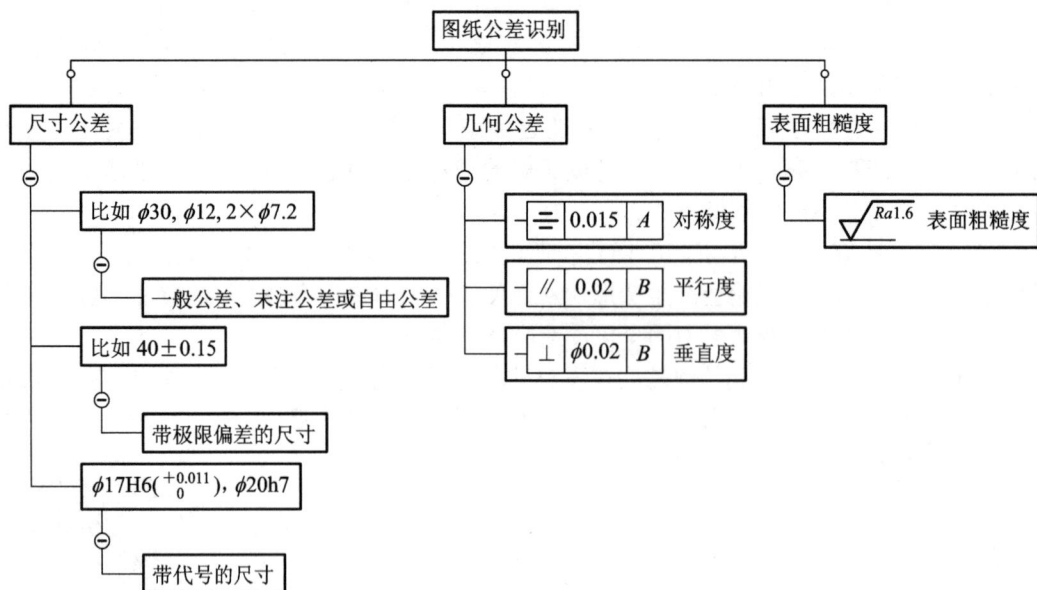

图 1.2　公差分类和标注形式

1.3　互　换　性

互换性现象在工业及日常生活中随处可见。比如，自行车的轴承坏了，按相应的规格装上一个就可以了；设备上丢了一个螺丝，也可以装上相同规格的；总之，零部件磨损或者损坏了，换上一个相同规格的新的零部件就能满足使用要求。在机械制造业中，零件的互换性是指在同一规格的一批零件中，可以不经选择、修配或调整，任取其一，都能装配在机器上,并能达到规定的使用性能要求。零件具有的这种不经选择或修配便能在同规格内互相替换的特性就叫作互换性。

一、互换性的作用

现代化机械零件具有的互换性,使得将一台机器中的成千上万个零部件进行高效率的、分散的专业化的生产,然后集中起来进行装配成为可能。因此,互换性原则已成为提高生产水平和促进技术进步的强有力的手段之一,其主要作用如下:

分组装配

(1) 从设计方面来看,零部件如果具有互换性,就可以最大限度地采用标准件和通用件,大大简化了绘图和计算工作,缩短了设计周期,有利于计算机辅助设计和产品品种的多样化。

(2) 从制造方面来看,互换性有利于相互协作。大量应用的标准件还可由专门车间或工厂单独生产,因产品单一、数量多、分工细,可使用高效率的专用设备,进而采用计算机辅助加工,为生产的专业化创造了有利条件,必然会提高产量和质量,并显著降低生产成本。装配时,由于零部件具有互换性,不需要辅助加工,装配过程能够持续而顺利地进行,故能减轻装配工作的劳动量,缩短装配周期,从而可采用流水线作业方式,乃至进行自动化装配,效率可明显提高。

(3) 从使用和维修方面来看,若零件具有互换性,则零件在磨损或损坏、丢失后,可立即用另一个新的储备件代替(如汽车、拖拉机的活塞、活塞销、活塞环等就是这样的备件),不仅维修方便,且可使机器或仪器的维修时间和费用显著减少,保证了机械产品工作的持久性和连续性,从而可延长产品的使用寿命。

总之,互换性原则在提高产品质量和可靠性以及经济效益等方面具有重要的意义,它已成为现代机械制造业中一个被普遍遵守的原则。

二、互换性的分类

互换性按其互换程度,可分为完全互换和不完全互换两种。完全互换性要求零部件在装配时不需要挑选和辅助加工;不完全互换性则允许零部件在加工完后,通过测量将零件按实际尺寸分为若干组,各组组内零件间实际尺寸的差别较小,装配时按对应组进行装配(也叫分组装配),可提高配合尺寸的可加工性和经济性,是一种以经济的加工成本满足较高配合精度要求的互换法。不完全互换性既可保证装配精度和使用要求,又能解决加工上的困难,降低成本,但仅组内零件可以互换,组与组之间不可互换。

一般来说,零部件需厂际协作时应采用完全互换性,部件或构件在同一厂制造和装配时可采用不完全互换性。例如滚动轴承,提供给用户时必须满足完全互换性,但对于滚动轴承厂家来说,则通常采用不完全互换(分组装配),以达到控制产品制造成本的目的。比如,深沟球轴承内部的球形滚动体,为了达到较高的旋转精度又不增加制造成本,通常采用分组装配的方式。

一般来说,当使用要求与制造水平、经济效益没有矛盾时,可采用完全互换性;反之,采用不完全互换性。比如,精度要求很高的产品(如轴承),常采用分组装配,即不完全互换法生产。

1.4　标准与标准化

生产中要满足互换性的要求，做好标准化工作是基础。

一、标准与标准化的概念

标准是通过标准化活动，按照规定的程序，经协商一致制定的，为各种活动或其结果提供规则、指南或特性要求，供共同使用和重复使用的文件。标准以科学、技术和经验的综合成果为基础。可以简单理解为标准是规范性"文件"。

标准化是为了在既定范围内获得最佳秩序，促进共同效益，对现实问题或潜在问题确立共同使用和重复使用的条款以及编制、发布和应用文件的活动。标准化通过制定、发布和实施来实现最佳效益。可以将标准化简单理解为制定标准、实施标准的一系列活动。

从定义看，标准是标准化活动的产物。标准具有民主性，是各利益相关方协商一致的结果，反映的是共同意愿，而不是个别利益；标准具有权威性，要按照规定程序制定，必须由能够代表各方利益并为社会所公认的权威机构批准发布；标准具有系统性，需要协调处理标准化对象各要素之间的关系，统筹考虑，使系统性能和秩序达到最佳；标准具有科学性，标准来源于人类社会实践活动，其产生的基础是科学研究和技术进步的成果，是实践经验的总结。

二、中国标准化的历史渊源

我国很早就有标准化的理念。儒家倡导礼乐文化，《礼记·乐记》中说"乐者，天地之和也；礼者，天地之序也"，强调的就是天地万物的秩序，反映的是标准化的意识。孟子说"不以规矩，不能成方圆"，是古代标准化的经典表述，并将标准化理念延伸到了社会人伦领域。《史记》记载大禹治水"左准绳，右规矩"，《三国名臣序赞》中的"器范自然，标准无假"和《丞相王导碑》中的"信人伦之水镜，道德之标准也"，都是对标准的体现。秦始皇统一度量衡，并实现"车同轨、书同文、行同伦"，是历史上以标准化手段治理国家的范例。

标准化在我国历史上广泛用于生产和技术领域中。《秦律十八种·工律》中要求"为器同物者，其大小、短长、广夹(狭)必等"。《考工记》记载了战国时期官营手工业各工种规范和制造工艺，广义来讲，它就是一部关于标准的文献。宋代《营造法式》详细规范了建筑技术要求，在保障建筑物质量安全等方面起到了重要作用。隋代产生的雕版印刷术、宋代毕昇发明的活字印刷术，乃至产生并繁盛于唐代的格律诗都是标准化的结晶。明代的《天工开物》是世界上第一部关于农业和手工业生产的综合性著作，是我国古代标准化经验的集大成者。李时珍整理汇编的《本草纲目》，是关于药物分类法、药物特性、制备方法和方剂的标准化文献。《清代匠作则例》是手工业技术规范的汇编。古籍文献中经常使用的"法式""程式""则例""准程"等，讲的就是"标准"。中国依规矩、守秩序的标准化理念，随着汉唐文化的传播影响深远，一些亚洲国家至今仍然称标准为"规格"。

三、标准的划分

根据制定标准的部门和标准适用程度的不同，标准可以分为国际标准、国际性区域标准、国家标准、行业标准、地方标准、企业标准。国际标准由国际标准化组织(ISO)制定，供全世界统一使用。国际性区域标准，如 EN、ANSI、DIN，分别为欧共体、美国、德国制定的标准；我国的标准由国家标准局统一按 GB××××—×× 的编号方式发布，在全国范围内有效。

按照标准的适用范围，我国的标准分为国家标准、行业标准、地方标准和企业标准四个级别。

1. 国家标准

国家标准由国务院标准化行政主管部门国家市场监督管理总局与国家标准化管理委员会(属于国家质量技术监督检验检疫总局管理)制定(编制计划、组织起草、统一审批、编号、发布)。国家标准在全国范围内适用，其他各级别标准不得与国家标准相抵触。

按照法律属性不同，国家标准又分为强制性标准和推荐性(非强制性)标准。代号为"GB"的属于强制性国家标准，颁布后严格强制执行；代号为 "GB/T" 的为推荐性标准，代号为 "GB/Z" 的为指导性标准，推荐性和指导性标准均为非强制性国家标准。

2. 行业标准

行业标准由国务院有关行政主管部门制定，如化工行业标准(代号为 HG)、石油化工行业标准(代号为 SH)由国家石油和化学工业局制定，建材行业标准(代号为 JC)由国家建筑材料工业局制定。行业标准在全国某个行业范围内适用。

3. 地方标准

地方标准是指在某个省、自治区、直辖市范围内需要统一的标准。《中华人民共和国标准化法》中规定："没有国家标准和行业标准而又需要在省、自治区、直辖市范围内统一的工业产品的安全卫生要求，可以制定地方标准。地方标准由省、自治区、直辖市标准化行政主管部门制定，并报国务院标准化行政主管部门和国务院有关行政部门备案。在公布国家标准或者行业标准之后，该项地方标准即行废止。"

根据《地方标准管理办法》的规定，地方标准代号由汉语拼音字母"DB"加上省、自治区、直辖市行政区划代码前两位数字(北京市为 11、天津市为 12、上海市为 13 等)，再加上斜线和 T(/T)组成推荐性地方标准(如 DBXX/T)，不加斜线和 T 的为强制性地方标准(如 DBXX)。例如天津市强制性地方标准代号为 DB12，天津市推荐性地方标准代号为 DB12/T。

地方标准的编号由标准代号、顺序号和年代号构成，如：DB12/ XXXX—XXXX、DB12/T XXXX—XXXX。其中，DB12、DB12/T 为标准代号；前 4 位 XXXX 为顺序号(4 位数字)；后 4 位 XXXX 为年代号(4 位数字)。

4. 企业标准

《中华人民共和国标准化法》规定：企业生产的产品没有国家标准和行业标准的，应当制定企业标准，作为组织生产的依据。已有国家标准或者行业标准的，国家鼓励企业制定严于国家标准或者行业标准的企业标准，在企业内部适用。

在经济全球化的今天，"得标准者得天下"，标准的作用已不只是企业组织生产的依据，而是企业开创市场继而占领市场的"排头兵"。

四、各类标准的区别

下面从不同的方面来看国家标准、行业标准、地方标准、企业标准的区别。

1. 适用范围

从适用范围上来说，国家标准管控的是整个国家范围，地区范围同理，而行业标准规范的是特定某个行业，企业标准则只在企业内部适用。

2. 效力

从效力上来说，国家标准>行业标准>地方标准>企业标准。

3. 内容

从内容上来说，国家标准管控的范围是全国，适用范围广，需要有一定的普及性，所以在大部分行业中，国家标准的技术要求是低于其他三级标准的，而行业标准、地区标准、企业标准一般要严于国家标准。

4. 应用对象

从应用对象(规范对象精准度)上来说，国家标准一般侧重于安全性、环境保护，行业标准更侧重于技术先进性、质量要求，而企业标准更倾向于市场经济性、生产规范化，所以企业标准、行业标准在应用对象的划分上更精细，精准度会高于国家标准。

选择国内标准时，首先要满足产品涉及的强制性国家标准，再依产品类型选择相应的国家标准；如果没有相应的国家标准，就选择相应的行业标准；如果没有相应的行业标准，则依产品大类/产品用途选择近似推荐或者企业自行编纂的标准。

习　　题

1. 加工误差分为_____、_____和_____三种。
2. 公差用于限制_____，公差越小，加工_____，生产成本就_____。公差是一个_____零的数值。
3. 在我国的标准中，GB/T 为_____标准，GB/Z 为_____标准。
4. 什么是零件的互换性？如何对其进行分类？
5. 完全互换与不完全互换的区别是什么？各应用于什么场合？

第2章　尺寸公差的国家标准

2.1　长　度　单　位

一、法定长度单位

长度单位有千米、百米、十米、米、分米、厘米、毫米、微米等，在国际单位制中，长度的基本单位是米，必须严格定义并用实物来复现及保存。

1983 年在第 17 届国际计量大会上正式通过了米的定义，即"米是光在真空中 1/299792458 秒的时间间隔内所行进的路程长度"。

根据《中华人民共和国计量法》的规定，我国的计量单位一律采用《中华人民共和国法定计量单位》中规定的单位。有关的长度单位见表 2.1。

表2.1　长　度　单　位

单位名称	代　号	对基本单位的比
微米	μm	0.000001(m)
毫米	mm	0.001(m)
厘米	cm	0.01(m)
分米	dm	0.1(m)
米	m	基本单位
十米	dam	10(m)
百米	hm	100(m)
千米	km	1000(m)

虽然米是基本单位，但是 GB/T 4458.4—2003《机械制图 尺寸标注》中规定，图样中(包括技术要求和其他说明)的尺寸，以毫米为单位时，不需要标注单位符号(或名称)，只需注出数字即可；如采用其他单位，则应注明相应的单位符号。比如，图样上标注 1500，则表示 1500 mm；如果标注成以米为单位，则应该标注 1.5 m。

工厂中通常会用 1 道或者 1 丝作为单位，1 道 = 1 丝 = 0.01 mm。

二、英制长度单位

在实际应用中，有时还会遇到英制长度单位。在图样和技术文件中，如果用到英制单位，常用英寸为单位，符号为"in"或""""，比如 18″表示 18 英寸。不同长度单位的换算关系如下：

$$1 \text{ 英尺(ft)} = 12 \text{ 英寸}$$
$$1 \text{ 英寸(in)} = 1000 \text{ 英丝}$$
$$1/8 \text{ 英寸} = 1 \text{ 英分}$$

注意　1/8 in 是我国工厂中的习惯称呼，但是英制长度单位中没有这个单位。

三、法定长度单位与英制长度单位的换算

法定长度单位与英制长度单位的换算关系如下：

$$1 \text{ 英寸(in)} = 2.54 \text{ 厘米(cm)} = 25.4 \text{ 毫米(mm)}$$
$$1 \text{ 毫米(mm)} = 0.0394 \text{ 英寸(in)}$$
$$1 \text{ 英尺(ft)} = 30.5 \text{ 厘米(cm)} = 305 \text{ 毫米(mm)}$$

2.2　一　般　公　差

一、一般公差的概念

对机械零件上各几何要素的线性尺寸、角度尺寸、形状和各要素之间的位置等要求，取决于它们要实现的功能。因此，零件在图样上的所有表示要素都有一定的公差要求。对配合尺寸或精度要求较高的尺寸，通常标注尺寸公差，而对某些在功能上无特殊要求的要素，则可给出未注公差，即一般公差。线性尺寸的一般公差主要用于较低精度的非配合尺寸以及零件上无特殊要求的尺寸。在正常维护和操作情况下，一般公差代表了车间通常的加工精度，即经济加工精度，因此在正常车间精度保证的前提下，采用一般公差可不用检验。

采用一般公差的要素，其公差在图样上可不单独标注出，而是在图纸的技术要求或技术文件中作出说明。

二、一般公差的作用

一般公差的使用有以下几点作用：

(1) 可简化制图，使图样清晰易读。

(2) 节省图样设计时间，设计人员只需熟悉和应用一般公差的规定，可不必逐一考虑其公差值。

(3) 只需明确哪些几何要素可由一般工艺水平保证，从而简化对这些要素的检验要求，有利于产品的质量管理。

(4) 突出了图样上注出公差的尺寸，以便在加工和检验时引起重视。

三、一般公差的标准

GB/T 1804—2000《一般公差　未注公差的线性和角度尺寸的公差》规定了 4 个公差等级，从高到低依次为精密级(f)、中等级(m)、粗糙级(c)、最粗级(v)。公差等级越低，则公差数值越大。线性尺寸的极限偏差数值如表 2.2 所示，倒圆半径和倒角高度尺寸的极限偏差数值如表 2.3 所示，角度尺寸的极限偏差数值如表 2.4 所示。

由表 2.2～表 2.4 可见，一般公差的极限偏差，无论孔、轴还是角度尺寸，一律呈对称分布，这样可以避免由于对孔、轴等尺寸理解不一致而带来的不必要纠纷。

表 2.2　线性尺寸的极限偏差数值(摘自 GB/T 1804—2000)

公差等级	尺寸分段/mm							
	0.5～3	>3～6	>6～30	>30～120	>20～400	>400～1000	>1000～2000	>2000～4000
f(精密级)	±0.05	±0.05	±0.1	±0.15	±0.2	±0.3	±0.5	—
m(中等级)	±0.1	±0.1	±0.2	±0.3	±0.5	±0.8	±1.2	±2
c(粗糙级)	±0.2	±0.3	±0.5	±0.8	±1.2	±2	±3	±4
v(最粗级)	—	±0.5	±1	±1.5	±2.5	±4	±6	±8

表 2.3　倒圆半径与倒角高度尺寸的极限偏差数值(摘自 GB/T 1804—2000)

公差等级	尺寸分段/mm			
	0.5～3	>3～6	>6～30	>30
f(精密级)	±0.2	±0.5	±1	±2
m(中等级)	±0.2	±0.5	±1	±2
c(粗糙级)	±0.4	±1	±2	±4
v(最粗级)	±0.4	±1	±2	±4

注：倒圆半径与倒角高度的含义参见国家标准 GB/T 6403.4—2008《零件倒圆与倒角》。

表 2.4 中的值按角度短边长度确定，对圆锥角则按圆锥素线长度确定。

表 2.4　角度尺寸的极限偏差数值

公差等级	长度分段/mm				
	～10	>10～50	>50～120	>120～400	>400
f(精密级)	±1°	±30′	±20′	±10′	±5′
m(中等级)	±1°	±30′	±20′	±10′	±5′
c(粗糙级)	±1°30′	±1°	±30′	±15′	±10′
v(最粗级)	±3°	±2°	±1°	±30′	±20′

四、一般公差的图样表示

采用国标规定的一般公差，在图样上只标注公称尺寸，不标注极限偏差或公差带代号，零件加工完成后可不检验，而是在图样、技术文件或标准中用本标准号和公差等级符号来表示。如果在图纸的技术要求中标注了未注公差按 GB/T 1804—2000 中等级(m)执行，则表示该零件的一般公差按照国家标准 GB/T 1804—2000 中的规定执行，选择中等级(m)。

2.3　尺寸、偏差、公差术语和定义

一、研究对象——孔和轴

孔和轴的配合是机械产品广泛采用的一种结合形式，比如轴承内圈与轴、轴承外圈与孔的配合都属于孔和轴的配合。为了使加工后的孔和轴能满足互换性的要求，必须在结构设计中统一其公称尺寸，在尺寸精度设计中采用极限与配合标准。圆柱体结合的极限与配合标准是一项最基本、最重要的标准，因此需要掌握标准中规定的内容。

GB/T 1800.1—2020《产品几何技术规范(GPS) 线性尺寸公差 ISO 代号体系 第 1 部分：公差、偏差和配合的基础》规定了极限与配合制的基本术语和定义，公差、偏差和配合的代号表示及标准公差值、基本偏差值，适用于具有圆柱形和两相对平行面的线性尺寸要素。

(1) 孔：工件上圆柱形内表面，或由两平行平面或切面形成的包容面。其内无材料。从加工过程来讲，随着工件表面材料的去除，孔的尺寸越来越大。

(2) 轴：工件上圆柱形外表面，或由两平行平面或切面形成的被包容面。从加工过程来讲，随着工件表面材料的去除，轴的尺寸越来越小。类似键连接的极限与配合也可直接应用 GB/T 1800.1—2020。

孔和轴具有更广泛的含义，不仅表示圆柱形的内表面和外表面，而且也包括由两平行平面或切面形成的包容面和被包容面。二者最显著的区别在于，从加工方面看，孔越加工尺寸越大，轴越加工尺寸越小；从装配关系看，孔是包容面，轴是被包容面。如表 2.5 所示孔和轴的定义中，$\phi 50$ 确定圆柱形内表面，尺寸 16 确定了平行平面的包容面，越加工尺寸越大，称为孔。$\phi 50$ 确定圆柱形外表面，尺寸 20 确定的两平行平面形成的被包容面称为轴，越加工尺寸越小。

孔和轴

表 2.5　孔和轴的定义

名称	定义	示意图	说明
孔	工件圆柱形内表面，或由两平行平面或切面形成的包容面		① 从装配后的包容面与被包容面的关系看，孔是包容面，轴是被包容面。② 从加工过程来讲，随着工件表面材料的去除，孔的尺寸越加工越大，轴的尺寸越加工越小
轴	工件圆柱形外表面，或由两平行平面或切面形成的被包容面		

二、有关尺寸的定义

1. 尺寸

尺寸是以特定单位表示线性尺寸值的数值，即用特定单位表示长度值的数字。尺寸由数字和单位组成，用于表示零件几何形状的大小，如直径、半径、宽度、深度和中心距等，机械加工中通常以毫米(mm)、微米(μm)作为特定单位。从广义上说，角度也是尺寸。在技术图样中或在一定范围内，若已注明共同单位，均可只写数字，不写单位。依据国家标准 GB/T 4458.4—2003《机械制图 尺寸注法》的规定，图样中的尺寸，以 mm 为单位时，不需注明计量单位代号或名称。

公称尺寸和
极限尺寸

2. 公称尺寸

公称尺寸又叫名义尺寸，是设计时给定的尺寸，也叫基本尺寸。它是图样规范确定的理想形状要素的尺寸。如图 2.1 所示，$\phi50$ 即为孔或轴的公称尺寸。孔的公称尺寸代号用大写字母 D 表示，轴的公称尺寸代号用小写字母 d 表示。

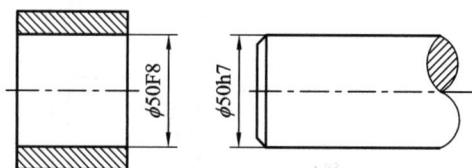

图 2.1　孔与轴的公称尺寸

公称尺寸通常是设计者根据零件的强度要求、结构和工艺需要给定的圆整后的尺寸。它应按照标准尺寸系列选取，是尺寸精度设计中用来确定极限尺寸和偏差的基准；选用标准尺寸，可以压缩尺寸的规格数量，从而减少标准刀具、量具、夹具的规格数量，以获得最佳经济效益。

需特别说明的是，公称尺寸只表示尺寸的基本大小，并不一定是在实际加工中要求得到的尺寸。合格的尺寸不仅与公称尺寸有关，还与尺寸的极限偏差有关。

3. 提取组成要素的局部尺寸

所提取组成要素上两对应点之间的距离，称为实际尺寸。孔的实际尺寸用 D_a 表示，轴的实际尺寸用 d_a 表示。

通常把任何两相对点之间测得的尺寸，即一个孔或轴的任意横截面中的任一距离，称为工件的局部尺寸。除特别指明外，实际尺寸均指提取要素的局部实际尺寸，即用两点法测得的尺寸，如图 2.2 所示。

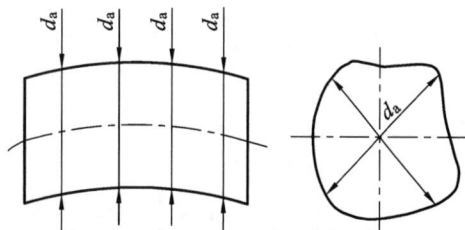

在测量过程中，由于测量仪器的精度、环境条件及操作水平等因素的影响，不可避免地存在着测量误差。由于误差的存在，实际尺寸不一定是被测尺寸的真值，即使是同一零件，测量部位不同，尺寸也不同；而同一截面不同方向的实际要素的尺寸也可能是不相同的，所以存在多个实际尺寸。如孔的尺寸 $\phi25.985$ mm，测量误差在 ±0.001 mm 以内，实测尺寸的真值将为 $\phi25.984 \sim \phi25.986$。真值是客观存在的，但不确定，即实际尺寸具有随机性。

图 2.2　提取组成要素的局部尺寸

4. 极限尺寸

极限尺寸是尺寸要素允许孔或轴尺寸变化的两个极限值，如图 2.3 和图 2.4 所示。较大

者为上极限尺寸，孔的上极限尺寸用 D_{max} 表示，轴的上极限尺寸用 d_{max} 表示；较小者为下极限尺寸，孔的下极限尺寸用 D_{min} 表示，轴的下极限尺寸用 d_{min} 表示。在图 2.3 中，孔的尺寸范围为 $\phi 50.025 \sim \phi 50.064$，测量加工完成的零件时，任一位置的实际要素的尺寸都在此范围内的零件为合格的，即合格零件的实际要素的尺寸必须小于或等于上极限尺寸，并且大于或等于下极限尺寸。

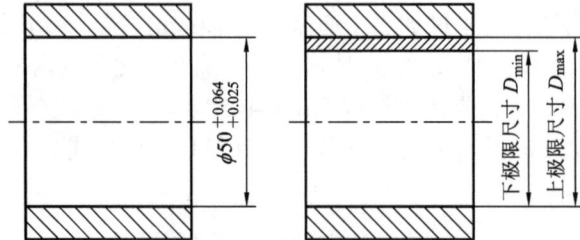

图 2.3　孔的极限尺寸

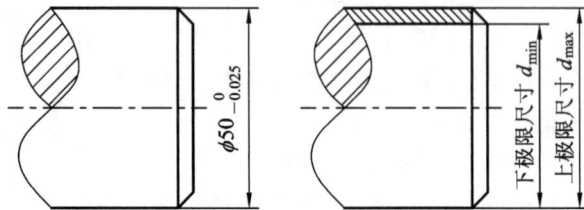

图 2.4　轴的极限尺寸

三、有关偏差的定义

1. 尺寸偏差

尺寸偏差是指某一尺寸(实际要素的尺寸或者极限尺寸等)减去其公称尺寸的代数差。比如，对于孔的尺寸 $\phi 50^{+0.064}_{+0.025}$，若某截面的实际尺寸为 50.05 mm，则尺寸偏差为 0.05 mm。

2. 极限偏差

极限偏差是极限尺寸减去其公称尺寸所得的代数差。

(1) 上极限偏差(ES/es)：上极限尺寸减去公称尺寸所得的代数差。

(2) 下极限偏差(EI/ei)：下极限尺寸减去公称尺寸所得的代数差。

其符号和计算公式如表 2.6 所示。

极限偏差

表 2.6　偏差的符号和计算公式

名称	代号		计算公式	备注
	孔	轴		
上极限偏差	ES	es	孔：$ES = D_{max} - D$ 轴：$es = d_{max} - d$	偏差可以为正数、负数或者零，正的偏差前面加符号"+"，负的偏差前面加符号"−"，零前面不加符号
下极限偏差	EI	ei	孔：$EI = D_{min} - D$ 轴：$es = d_{min} - d$	
实际偏差	Ea	ea	孔：$Ea = D_a - D$ 轴：$ea = d_a - d$	

　　由于实际要素的尺寸和极限尺寸可能大于、等于或小于其公称尺寸，故偏差可能是正数、零或负数。实际偏差应大于或等于下极限偏差、小于或等于上极限偏差。在图样上，上极限偏差标在公称尺寸右上角；下极限偏差标在上极限偏差正下方，且与公称尺寸在同一底线上，见表 2.7。

表 2.7　公称尺寸和极限偏差

代　号	公称尺寸	上极限偏差	下极限偏差
$\phi25^{-0.007}_{-0.020}$	$\phi25$ mm	−0.007 mm	−0.020 mm
$\phi25^{+0.021}_{0}$	$\phi25$ mm	+0.021 mm	0
$\phi25 \pm 0.003$	$\phi25$ mm	+0.003 mm	−0.003 mm

3. 尺寸公差

　　尺寸公差是允许尺寸变动的量，孔用 T_D 表示，轴用 T_d 表示。尺寸公差等于上极限尺寸与下极限尺寸之差，或上极限偏差与下极限偏差之差。尺寸公差是一个没有符号的绝对值，其计算如表 2.8 所示。

表 2.8　尺寸公差计算

名称	符号		计算公式
尺寸公差	孔	T_D	$T_D = D_{max} - D_{min} = ES - EI$
	轴	T_d	$T_d = d_{max} - d_{min} = es - ei$

4. 尺寸公差与极限偏差的比较

　　(1) 从数值上来看，极限偏差可以为正值、零或负值，而尺寸公差则一定是正值。

　　(2) 从概念上来看，极限偏差是相对于公称尺寸的偏离值，即确定极限尺寸相对于公称尺寸的位置，它是限制实际偏差的变动范围。而尺寸公差表示极限尺寸所允许的最大变动范围，用于限制误差。

　　(3) 对于单个零件，只能测出尺寸"实际偏差"，而对数量足够多的一批零件，才能确定尺寸公差。

　　(4) 极限偏差取决于加工机床的调整(如车削时进刀的位置)，不反映加工难易；而尺寸公差表示制造精度，反映加工难易程度。

　　(5) 从作用上来讲，极限偏差主要反映公差带位置，影响配合松紧程度；而尺寸公差反映公差带大小，影响配合精度。

四、尺寸公差带图

1. 公差带图的作用

　　尺寸公差带表示的是零件的尺寸相对于其公称尺寸所允许的变动范围。因为尺寸公差的数值比公称尺寸的数值小得多，所以不能用同一比例画在一张示意图上。为了更好地表示尺寸允许变动的范围，采用了公差带图表示。公差带图以公称尺寸为零线，用适当比例画出上、下极限偏差，以表示尺寸允许变动的界限及范围，数值多以微米表示。在公差带图中，能清楚直观地表示出相互配合的孔和轴的公称尺寸、极限尺寸、极限偏差和公差之间的关系，如图 2.5 所示。

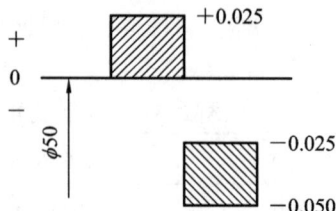

图 2.5　孔和轴的公差带图

2. 公差带图的画法

(1) 画一条水平线作为零线，零线表示公称尺寸，同时零线也是偏差为零的线；在零线之上的偏差为正数，在零线之下的偏差为负数。

(2) 在零线的左端标注上"0""+""-"，在零线下方画一条垂直于零线的单箭头尺寸线，箭头指向零线，并在尺寸线的左侧标注公称尺寸，其书写方向与箭头方向一致。

(3) 画平行于零线的两条线，分别是上极限偏差和下极限偏差，两条平行线之间的区域为公差带，两边封口组成一个长方形，并以间隔一致的45°斜线填充。注意，上、下极限偏差到零线的距离一定要按照同一比例来画。

尺寸公差带图的画法

(4) 将上、下极限偏差的数值分别标注在公差带的右上角和右下角。

重复以上步骤画出孔、轴的尺寸公差带图，如图 2.5 所示。

在公差带图中，由代表上、下极限偏差的两条直线所限定的区域称为尺寸公差带。公差带有两个基本参数，即公差带的大小与公差带相对于零线的位置。公差带大小由标准公差确定，公差带相对于零线的位置由基本偏差确定。

五、尺寸公差标注规范

尺寸公差带在图纸上的标注也要遵循标注的规范，如表 2.9 所示。

尺寸公差标注规范

表 2.9　尺寸标注规范

标注图例	标注的注意事项
$\phi 50^{+0.033}_{+0.017}$	上、下偏差绝对值不同时，偏差的数字用比公称尺寸小一号的字体书写，下偏差应与公称尺寸在同一底线上
$\phi 50^{\ 0}_{-0.025}$	若某一偏差为零，数值"0"不能省略，必须标出，并与另一个偏差的正数个位对齐书写
$\phi 50 \pm 0.012$	若上、下偏差绝对值相同、符号相反，则偏差数字只写一个，并与公称尺寸数字字号相同

2.4　标准公差与基本偏差

如图 2.6 所示，轴的尺寸公差带代号为 ϕ50k7，尺寸公差带代号是由公称尺寸(ϕ50)、基本偏差代号(k)和标准公差等级(7)组成的。标准公差等级表示的是公差带的大小，基本偏差代号表示的是公差带相对于零线的位置。

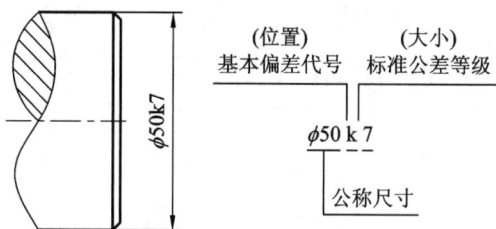

图 2.6　尺寸标注及含义

尺寸公差带代号

一、标准公差系列

标准公差是国标规定的用以确定公差带大小的任一公差值，公差等级则用于确定尺寸的精确程度。

标准公差系列

由于不同的零件和零件上不同部位的尺寸对精确程度的要求往往不同，为了满足使用的需要，国家标准 GB/T 1800.1—2020 中对公称尺寸在 500 mm 内的规定了 20 个公差等级，即 IT01、IT0、IT1、IT2、…、IT18，精度等级依次降低；在大于 500～3150 mm 内规定了 18 个公差等级，即 IT1、IT2、…、IT18，精度等级依次降低。IT 表示标准公差，即国标公差(ISO Tolerance)的编写代号，数字表示公差等级代号，如 IT8 表示标准公差 8 级或 8 级标准公差。机械行业中常用的精度等级为 IT5～IT9。同一公差等级、同一尺寸分段内各公称尺寸的标准公差数值是相同的，比如，相同公差等级下，ϕ20 和 ϕ25 的标准公差数值是相同的。同一公差等级下的一组公差的所有公称尺寸也被认为具有同等精度，比如同一公差等级下，ϕ20 和 ϕ200 被认为具有同等精度，即加工的难易程度相同。

标准公差数值与公差等级和公称尺寸有关，公差值的大小是根据公称尺寸和公差等级确定的，如表 2.10 所示。注意，公称尺寸处于边界时，要查表格的上面一行。比如公称尺寸是 15 mm，加工精度等级为 IT9 级，那么公差值为 43 μm，即 0.043 mm。

表 2.11 和表 2.12 列出了各种加工方法可能达到的合理加工精度，可以为选择公差等级提供依据。实际生产中，各种加工方法的合理加工精度等级不仅受工艺方法、设备状况和操作者技能等因素的影响而变动，而且随着工艺水平的发展，加工方法所达到的加工精度也会有所变化。

表 2.10　标准公差数值

IT 公差等级表(引用 ISO286-2)

基本尺寸/mm >	基本尺寸/mm ≤	IT01	IT0	IT1	IT2	IT3	IT4	IT5	IT6	IT7	IT8	IT9	IT10	IT11	IT12	IT13	IT14	IT15	IT16	IT17	IT18
							单位：μm								单位：mm						
0	3	0.3	0.5	0.8	1.2	2	3	4	6	10	14	25	40	60	0.1	0.14	0.25	0.4	0.6	1	1.4
3	6	0.4	0.6	1	1.5	2.5	4	5	8	12	18	30	48	75	0.12	0.18	0.3	0.48	0.75	1.2	1.8
6	10	0.4	0.6	1	1.5	2.5	4	6	9	15	22	36	58	90	0.15	0.22	0.36	0.58	0.9	1.5	2.2
10	18	0.5	0.8	1.2	2	3	5	8	11	18	27	43	70	110	0.18	0.27	0.43	0.7	1.1	1.8	2.7
18	30	0.6	1	1.5	2.5	4	6	9	13	21	33	52	84	130	0.21	0.33	0.52	1.84	1.3	2.1	3.3
30	50	0.6	1	1.5	2.5	4	6	11	16	25	39	62	100	160	0.25	0.39	0.62	1	1.6	2.5	3.9
50	80	0.8	1.2	2	3	5	8	13	19	30	46	74	120	190	0.3	0.46	0.74	1.2	1.9	3	4.6
80	120	1	1.5	2.5	4	6	10	15	22	35	54	87	140	220	0.35	0.54	0.87	1.4	2.2	3.5	5.4
120	180	1.2	2	3.5	5	8	12	18	25	40	63	100	160	250	0.4	0.63	1	1.6	2.5	4	6.3
180	250	2	3	4.5	7	10	14	20	29	46	72	115	185	290	0.46	0.72	1.15	1.85	2.9	4.6	7.2
250	315	2.5	4	6	8	12	16	23	32	52	81	130	210	320	0.52	0.81	1.3	2.1	3.2	5.2	8.1
315	400	3	5	7	9	13	18	25	36	57	89	140	230	360	0.57	0.89	1.4	2.3	3.6	5.7	8.9
400	500	4	6	8	10	15	20	27	40	63	97	155	250	400	0.63	0.97	1.55	2.5	4	6.3	9.7
500	630	4.5	6	9	11	16	22	30	44	70	110	175	280	440	0.7	1.75	1.1	2.8	4.4	7	11
630	800	5	7	10	13	18	25	35	50	80	125	200	320	500	0.8	1.25	2	3.2	5	8	12.5
800	1000	5.5	8	11	15	21	29	40	56	90	140	230	360	560	0.9	1.4	2.3	3.6	5.6	9	14
1000	1250	6.5	9	13	18	24	34	46	66	105	165	260	420	660	1.05	1.65	2.6	4.2	6.6	10.5	16.5
1250	1600	8	11	15	21	29	40	51	78	125	195	310	500	780	1.25	1.95	3.1	5	7.8	12.5	19.5
1600	2000	9	13	18	25	35	48	65	92	150	230	370	600	920	1.5	2.3	3.7	6	9.2	15	23
2000	2500	11	15	22	30	41	57	77	110	175	280	440	700	1100	1.75	2.8	4.4	7	11	17.5	28
2500	3150	13	18	26	36	50	69	93	135	210	330	540	860	1350	2.1	3.3	5.4	8.6	13.5	21	33
3150	4000	16	23	33	45	60	84	115	165	260	410	660	1050	1650	2.6	4.1	6.6	10.5	16.5	26	41
4000	5000	20	28	40	55	74	100	140	200	320	500	800	1300	2000	3.2	5	8	13	20	32	50
5000	6300	25	35	49	67	92	125	170	250	400	620	980	1550	2500	4	6.2	9.8	15.5	25	40	62
6300	8000	31	43	62	84	115	155	215	310	490	760	1200	1950	3100	4.9	7.6	12	19.5	31	49	76
8000	10000	38	53	76	105	140	195	270	380	600	940	1500	2400	3800	6	9.4	15	24	38	60	94

表 2.11　常用加工方法的加工精度(一)

加工方法	介　绍	能达到的精度	说　明
车削	工件旋转,车刀在平面内作直线或曲线移动的切削加工。车削一般在车床上进行,用以加工工件的外圆柱面、端面、圆锥面、成形面和螺纹等	加工精度一般为 IT7～IT11 级	(1) 粗车力求在不降低切速的条件下,选用大的切削深度和大进给量,以提高车削效率,但加工精度只能达到 IT11 级,外表粗糙度为 20～10 μm。 (2) 半精车和精车尽量选用高速而较小的进给量和切削深度,加工精度可达 IT7～IT10 级,外表粗糙度为 10～0.16 μm。 (3) 在高精度车床上用精细修研的金刚石车刀高速精车有色金属件,可使加工精度达到 IT5～IT7 级,外表粗糙度为 0.04～0.01 μm,这种车削称为"镜面车削"
铣削	运用旋转的多刃刀具切削工件,是高效率的加工办法,适于加工平面、沟槽、各种成形面(如花键、齿轮和螺纹)和模具的特别形面等;依照铣削时主运动速度方向与工件进给方向相同或相反,又分为顺铣和逆铣	铣削的加工精度一般可达 IT8～IT11 级	(1) 粗铣时的加工精度为 IT11～IT13 级,外表粗糙度为 5～20 μm。 (2) 半精铣时的加工精度为 IT8～IT11 级,外表粗糙度为 2.5～10 μm。 (3) 精铣时的加工精度为 IT16～IT8 级,外表粗糙度为 0.63～5 μm
刨削	用刨刀对工件作水平相对直线往复运动的切削加工办法,主要用于零件的外形加工	刨削加工精度一般可达 IT7～IT12 级	(1) 粗刨加工精度可达 IT11～IT12 级,外表粗糙度为 25～12.5 μm。 (2) 半精刨加工精度可达 IT9～IT10 级,外表粗糙度为 6.2～3.2 μm。 (3) 精刨加工精度可达 IT7～IT8 级,外表粗糙度为 3.2～1.6 μm
磨削	用磨料、磨具切除工件上剩余材料的加工办法,属于精加工,在机械制造业中使用比较广泛;一般用于半精加工和精加工	精度可达 IT5～IT8 级甚至更高	(1) 精细磨削外表粗糙度为 0.16～0.04 μm。 (2) 超精细磨削外表粗糙度为 0.04～0.01 μm。 (3) 镜面磨削外表粗糙度可达 0.01 μm 以下
钻削	孔加工的一种基本办法,钻孔经常在钻床和车床上进行,也能够在镗床或铣床上进行	精度一般只能到达 IT10 级	钻削的加工精度较低,在钻削后常常选用扩孔和铰孔来进行半精加工和精加工
镗削	一种用刀具扩大孔或其他圆形轮廓的内径切削工艺,其使用范围一般从半粗加工到精加工,所用刀具一般为单刃镗刀(称为镗杆)	加工精度一般可达 IT7～IT11 级	(1) 对钢铁材料的镗孔精度一般可达 IT7～IT9 级,外表粗糙度为 2.5～0.16 μm。 (2) 精细镗削的加工精度能到达 IT6～IT7 级,外表粗糙度为 0.63～0.08 μm

表 2.12　常用加工方法的加工精度(二)

加工方法	IT 等级																			
	01	0	1	2	3	4	5	6	7	8	9	10	11	12	13	14	15	16	17	18
研磨	■	■	■	■	■	■	■													
珩						■	■	■												
圆磨							■	■	■	■										
平磨							■	■	■	■										
金刚石车							■	■	■											
金刚石镗							■	■	■											
拉削							■	■	■	■										
铰孔								■	■	■	■	■								
车									■	■	■	■	■							
镗									■	■	■	■	■							
铣									■	■	■									
刨插									■	■	■									
钻												■	■	■						
滚压、挤压												■	■							
冲压												■	■	■	■	■				
压铸													■	■	■	■				
粉末冶金成型								■	■	■										
粉末冶金烧结									■	■	■									
砂型铸造、气割																		■	■	■
锻造																	■	■	■	

二、基本偏差系列

基本偏差确定零件公差带相对零线位置的上极限偏差或下极限偏差，是标准化了的极限偏差，用于确定公差带相对于零线的位置，它是公差带位置标准化的唯一指标，如图 2.7 所示。

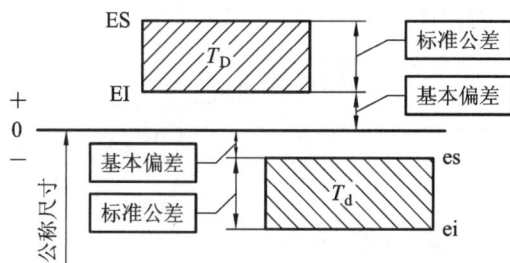

图 2.7　基本偏差与标准公差

注　规定靠近零线的那个极限偏差为基本偏差，基本偏差与公差等级无关。

例如：$\phi 35^{+0.011}_{-0.005}$ 的基本偏差为下极限偏差 -0.005 mm

$\qquad \phi 90^{-0.038}_{-0.073}$ 的基本偏差为上极限偏差 -0.038 mm

1. 基本偏差代号

为了满足各种不同配合的需要，必须将孔和轴的公差带的位置标准化，为此，国家标准 GB/T 1800.1—2020 对孔和轴各规定了 28 个公差带位置，即 28 个基本偏差代号。图 2.8 所示为轴的基本偏差系列图，图 2.9 所示为孔的基本偏差系列图。基本偏差的代号用字母表示，在 26 个字母中，去掉 I、L、O、Q、W(i、l、o、q、w)5 个字母，再加上 7 个用两个字母表示的代号(CD、EF、FG、JS、ZA、ZB、ZC 和 cd、ef、fg、js、za、zb、zc)，共 28 个代号，即孔和轴各有 28 个基本偏差。其中，JS 和 js 在各个公差等级中均相对于零线对称。大写字母表示孔的代号，小写字母表示轴的代号。

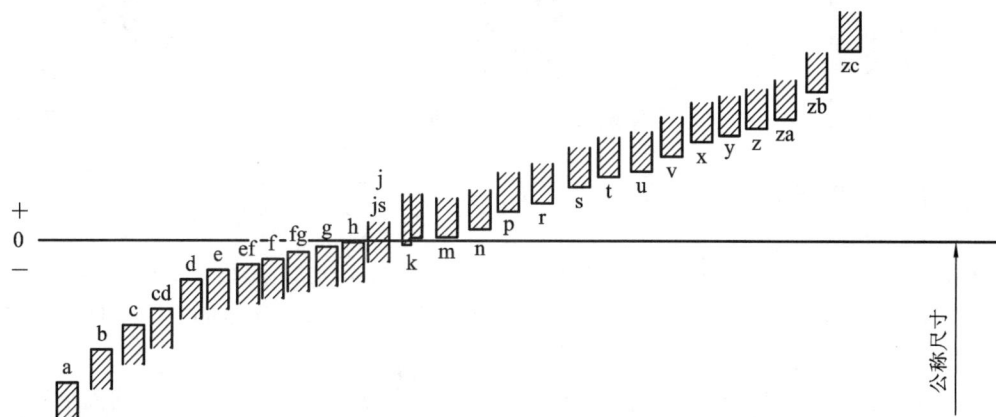

图 2.8　轴的基本偏差系列图

如图 2.8 所示，对于轴，基本偏差 a～h 为上极限偏差 es，其值为负数；基本偏差 j～zc 为下极限偏差 ei。

如图 2.9 所示,对于孔,基本偏差 A～H 为下极限偏差 EI,其值为正数;基本偏差 J～ZC 为上极限偏差 ES。

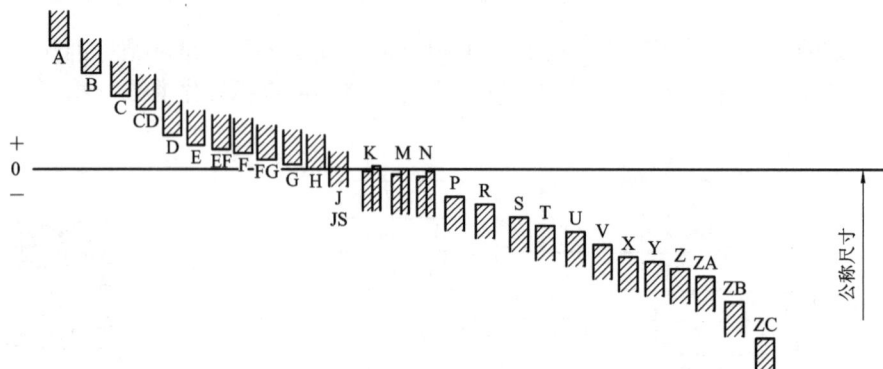

基本偏差系列图
分布形式

图 2.9　孔的基本偏差系列图

2. 基本偏差系列图的特点

(1) 孔和轴的基本偏差系列图基本呈对称关系。

(2) 基本偏差系列图中所表示的公差带是"开口"的,这是因为基本偏差只代表了公差带相对于零线的位置,而不表示公差的大小,公差的大小由公差等级来确定。

(3) 代号 H/h 的基本偏差为零,代号为 H 的孔叫作基准孔,代号为 h 的轴叫作基准轴。基准孔 H 的公差带位于零线上方,基准轴 h 的公差带位于零线下方。

(4) 代号 JS 和 js 的公差带与零线完全对称,J(j)的公差带与零线近似对称。

(5) 对于孔,基本偏差 A～H 为下极限偏差,其绝对值依次减小;基本偏差 J～ZC 为上极限偏差,其绝对值依次增大。

(6) 对于轴,基本偏差 a～h 为上极限偏差,其绝对值依次减小;基本偏差 j～zc 为下极限偏差,其绝对值依次增大。

基本偏差系列图的特点

基本偏差系列图公差带是开口的

基本偏差代号 JS

三、尺寸公差带代号

如图 2.6 所示,图纸上标注了轴的尺寸公差带代号为 $\phi50k7$,那么,工件加工后的实际尺寸在什么范围内是合格产品呢?换句话说,尺寸公差带代号所表示的上、下极限偏差如何来确定呢?其方法如下:

(1) 根据公称尺寸和基本偏差代号,查表 2.13 或表 2.14,确定基本偏差的大小,并确定是上极限偏差还是下极限偏差。

(2) 根据公称尺寸和标准公差等级,查表 2.10,确定标准公差的大小。

(3) 根据"公差 = 上极限偏差 - 下极限偏差(T_D = ES - EI)",求另一个极限偏差。

表 2.13　轴的基本偏差数值($d \leq 500$ mm)(GB/T 1800.1—2020)

基本偏差/μm

基本尺寸/mm	上偏差 es（所有的公差等级）												下偏差 ei（所有的公差等级）																		
	a	b	c	cd	d	e	ef	f	fg	g	h	js	j 5~6	j 7	j 8	k 4~7	k ≤3,>7	m	n	p	r	s	t	u	v	x	y	z	za	zb	zc
≤3	-270	-140	-60	-34	-20	-14	-10	-6	-4	-2	0	偏差等于±IT/2	-2	-4	-6	0	0	+2	+4	+6	+10	+14	—	+18	—	+20	—	+26	+32	+40	+60
>3~6	-270	-140	-70	-46	-30	-20	-14	-10	-6	-4	0		-2	-4	—	+1	0	+4	+8	+12	+15	+19	—	+23	—	+28	—	+35	+42	+50	+80
>6~10	-280	-150	-80	-56	-40	-25	-18	-13	-8	-5	0		-2	-5	—	+1	0	+6	+10	+15	+19	+23	—	+28	—	+34	—	+42	+52	+67	+97
>10~14	-290	-150	-95	—	-50	-32	—	-16	—	-6	0		-3	-6	—	+1	0	+7	+12	+18	+23	+28	—	+33	—	+40	—	+50	+64	+90	+130
>14~18	-290	-150	-95	—	-50	-32	—	-16	—	-6	0		-3	-6	—	+1	0	+7	+12	+18	+23	+28	—	+33	+39	+45	—	+60	+77	+108	+150
>18~24	-300	-160	-110	—	-65	-40	—	-20	—	-7	0		-4	-8	—	+2	0	+8	+15	+22	+28	+35	—	+41	+47	+54	+63	+73	+98	+138	+188
>24~30	-300	-160	-110	—	-65	-40	—	-20	—	-7	0		-4	-8	—	+2	0	+8	+15	+22	+28	+35	+41	+48	+55	+64	+75	+88	+118	+160	+218
>30~40	-310	-170	-120	—	-80	-50	—	-25	—	-9	0		-5	-10	—	+2	0	+9	+17	+26	+34	+43	+48	+60	+68	+80	+94	+112	+149	+200	+274
>40~50	-320	-180	-130	—	-80	-50	—	-25	—	-9	0		-5	-10	—	+2	0	+9	+17	+26	+34	+43	+54	+70	+81	+97	+114	+136	+180	+242	+325
>50~65	-340	-190	-140	—	-100	-60	—	-30	—	-10	0		-7	-12	—	+2	0	+11	+20	+32	+41	+53	+66	+87	+102	+122	+144	+172	+226	+300	+405
>65~80	-360	-200	-150	—	-100	-60	—	-30	—	-10	0		-7	-12	—	+2	0	+11	+20	+32	+43	+59	+75	+102	+120	+146	+174	+201	+274	+360	+480
>80~100	-380	-220	-170	—	-120	-72	—	-36	—	-12	0		-9	-15	—	+3	0	+13	+23	+37	+51	+71	+91	+124	+146	+178	+214	+258	+335	+445	+585
>100~120	-410	-240	-180	—	-120	-72	—	-36	—	-12	0		-9	-15	—	+3	0	+13	+23	+37	+54	+79	+104	+144	+172	+210	+256	+310	+400	+525	+690
>120~140	-460	-260	-200	—	-145	-85	—	-43	—	-14	0		-11	-18	—	+3	0	+15	+27	+43	+63	+92	+122	+170	+202	+248	+300	+365	+470	+620	+800
>140~160	-520	-280	-210	—	-145	-85	—	-43	—	-14	0		-11	-18	—	+3	0	+15	+27	+43	+65	+100	+134	+190	+228	+280	+340	+415	+535	+700	+900
>160~180	-580	-310	-230	—	-145	-85	—	-43	—	-14	0		-11	-18	—	+3	0	+15	+27	+43	+68	+108	+146	+210	+252	+310	+380	+465	+600	+780	+1000
>180~200	-660	-340	-240	—	-170	-100	—	-50	—	-15	0		-13	-21	—	+4	0	+17	+31	+50	+77	+122	+166	+236	+284	+350	+425	+520	+670	+880	+1150
>200~225	-740	-380	-260	—	-170	-100	—	-50	—	-15	0		-13	-21	—	+4	0	+17	+31	+50	+80	+130	+180	+258	+310	+385	+470	+575	+740	+960	+1250
>225~250	-820	-420	-280	—	-170	-100	—	-50	—	-15	0		-13	-21	—	+4	0	+17	+31	+50	+84	+140	+196	+284	+340	+425	+520	+640	+820	+1050	+1350
>250~280	-920	-480	-300	—	-190	-110	—	-56	—	-17	0		-16	-26	—	+4	0	+20	+34	+56	+94	+158	+218	+315	+385	+475	+580	+710	+920	+1200	+1550
>280~315	-1050	-540	-330	—	-190	-110	—	-56	—	-17	0		-16	-26	—	+4	0	+20	+34	+56	+98	+170	+240	+350	+425	+525	+650	+790	+1000	+1300	+1700
>315~355	-1200	-600	-360	—	-210	-125	—	-62	—	-18	0		-18	-28	—	+4	0	+21	+37	+62	+108	+190	+268	+390	+475	+590	+730	+900	+1150	+1500	+1900
>355~400	-1350	-680	-400	—	-210	-125	—	-62	—	-18	0		-18	-28	—	+4	0	+21	+37	+62	+114	+208	+294	+435	+530	+660	+820	+1000	+1300	+1650	+2100
>400~450	-1500	-760	-440	—	-230	-135	—	-68	—	-20	0		-20	-32	—	+5	0	+23	+40	+68	+126	+232	+330	+490	+595	+704	+920	+1100	+1450	+1850	+2400
>450~500	-1650	-840	-480	—	-230	-135	—	-68	—	-20	0		-20	-32	—	+5	0	+23	+40	+68	+132	+252	+360	+540	+660	+820	+1000	+1250	+1600	+2100	+2600

注:(1)基本尺寸小于或等于 1 mm 时,各级的 a 和 b 均不采用;
(2)js 的数值:对于 IT7~IT11,若 IT 的数值(μm)为奇数,则取 js=±(IT 数值-1)/2。

表2.14　孔的基本偏差数值表(D≤500 mm)(GB/T 1800.1—2020)

基本偏差数值/μm

基本尺寸/mm	A	B	C	CD	D	E	EF	F	FG	G	H	JS	J6	J7	J8	K(≤8)	K(>8)	M(≤8)	M(>8)	N(≤8)	N(>8)	P(>7)	R	S	T	U	V	X	Y	Z	ZA	ZB	ZC	ΔIT3	ΔIT4	ΔIT5	ΔIT6	ΔIT7	ΔIT8
≤3	+270	+140	+60	+34	+20	+14	+10	+6	+4	+2	0	±IT/2	+2	+4	+6	0	0	-2	-2	-4	-4	-6	-10	-14	—	-18	—	-20	—	-26	-32	-40	-60	0	0	0	0	0	0
>3~6	+270	+140	+70	+46	+30	+20	+14	+10	+6	+4	0	±IT/2	+5	+6	+10	-1+Δ	—	-4+Δ	-4	-8+Δ	0	-12	-15	-19	—	-23	—	-28	—	-35	-42	-50	-80	1	1.5	1	3	4	6
>6~10	+280	+150	+80	+56	+40	+25	+18	+13	+8	+5	0	±IT/2	+5	+8	+12	-1+Δ	—	-6+Δ	-6	-10+Δ	0	-15	-19	-23	—	-28	—	-34	—	-42	-52	-67	-97	1	1.5	2	3	6	7
>10~14	+290	+150	+95	—	+50	+32	—	+16	—	+6	0	±IT/2	+6	+10	+15	-1+Δ	—	-7+Δ	-7	-12+Δ	0	-18	-23	-28	—	-33	—	-40	—	-50	-64	-90	-130	1	2	3	3	7	9
>14~18	+290	+150	+95	—	+50	+32	—	+16	—	+6	0	±IT/2	+6	+10	+15	-1+Δ	—	-7+Δ	-7	-12+Δ	0	-18	-23	-28	—	-33	—	-45	—	-60	-77	-108	-150	1	2	3	3	7	9
>18~24	+300	+160	+110	—	+65	+40	—	+20	—	+7	0	±IT/2	+8	+12	+20	-2+Δ	—	-8+Δ	-8	-15+Δ	0	-22	-28	-35	—	-41	-39	-54	-63	-73	-98	-138	-188	1.5	2	3	4	8	12
>24~30	+300	+160	+110	—	+65	+40	—	+20	—	+7	0	±IT/2	+8	+12	+20	-2+Δ	—	-8+Δ	-8	-15+Δ	0	-22	-28	-35	-41	-48	-47	-64	-75	-88	-118	-160	-218	1.5	2	3	4	8	12
>30~40	+310	+170	+120	—	+80	+50	—	+25	—	+9	0	±IT/2	+10	+14	+24	-2+Δ	—	-9+Δ	-9	-17+Δ	0	-26	-34	-43	-48	-60	-55	-80	-94	-112	-149	-200	-274	1.5	3	4	5	9	14
>40~50	+320	+180	+130	—	+80	+50	—	+25	—	+9	0	±IT/2	+10	+14	+24	-2+Δ	—	-9+Δ	-9	-17+Δ	0	-26	-34	-43	-54	-70	-68	-97	-114	-136	-180	-242	-325	1.5	3	4	5	9	14
>50~65	+340	+190	+140	—	+100	+60	—	+30	—	+10	0	±IT/2	+13	+18	+28	-2+Δ	—	-11+Δ	-11	-20+Δ	0	-32	-41	-53	-66	-87	-81	-122	-144	-172	-226	-300	-405	2	3	5	6	11	16
>65~80	+360	+200	+150	—	+100	+60	—	+30	—	+10	0	±IT/2	+13	+18	+28	-2+Δ	—	-11+Δ	-11	-20+Δ	0	-32	-43	-59	-75	-102	-102	-146	-174	-210	-274	-360	-480	2	3	5	6	11	16
>80~100	+380	+220	+170	—	+120	+72	—	+36	—	+12	0	±IT/2	+16	+22	+34	-3+Δ	—	-13+Δ	-13	-23+Δ	0	-37	-51	-71	-91	-124	-120	-178	-214	-258	-335	-445	-585	2	4	5	7	13	19
>100~120	+410	+240	+180	—	+120	+72	—	+36	—	+12	0	±IT/2	+16	+22	+34	-3+Δ	—	-13+Δ	-13	-23+Δ	0	-37	-54	-79	-104	-144	-146	-210	-254	-310	-400	-525	-690	2	4	5	7	13	19
>120~140	+460	+260	+200	—	+145	+85	—	+43	—	+14	0	±IT/2	+18	+26	+41	-3+Δ	—	-15+Δ	-15	-27+Δ	0	-43	-63	-92	-122	-170	-172	-248	-300	-365	-470	-620	-800	3	4	6	7	15	23
>140~160	+520	+280	+210	—	+145	+85	—	+43	—	+14	0	±IT/2	+18	+26	+41	-3+Δ	—	-15+Δ	-15	-27+Δ	0	-43	-65	-100	-134	-190	-202	-280	-340	-415	-535	-700	-900	3	4	6	7	15	23
>160~180	+580	+310	+230	—	+145	+85	—	+43	—	+14	0	±IT/2	+18	+26	+41	-3+Δ	—	-15+Δ	-15	-27+Δ	0	-43	-68	-108	-146	-210	-228	-310	-380	-465	-600	-780	-1000	3	4	6	7	15	23
>180~200	+660	+340	+240	—	+170	+100	—	+50	—	+15	0	±IT/2	+22	+30	+47	-4+Δ	—	-17+Δ	-17	-31+Δ	0	-50	-77	-122	-166	-236	-252	-350	-425	-520	-670	-880	-1150	3	4	6	9	17	26
>200~225	+740	+380	+260	—	+170	+100	—	+50	—	+15	0	±IT/2	+22	+30	+47	-4+Δ	—	-17+Δ	-17	-31+Δ	0	-50	-80	-130	-180	-258	-284	-385	-470	-575	-740	-960	-1250	3	4	6	9	17	26
>225~250	+820	+420	+280	—	+170	+100	—	+50	—	+15	0	±IT/2	+22	+30	+47	-4+Δ	—	-17+Δ	-17	-31+Δ	0	-50	-84	-140	-196	-284	-310	-425	-520	-640	-820	-1050	-1350	3	4	6	9	17	26
>250~280	+920	+480	+300	—	+190	+110	—	+56	—	+17	0	±IT/2	+25	+36	+55	-4+Δ	—	-20+Δ	-20	-34+Δ	0	-56	-94	-158	-218	-315	-340	-475	-580	-710	-920	-1200	-1550	4	4	7	9	20	29
>280~315	+1050	+540	+330	—	+190	+110	—	+56	—	+17	0	±IT/2	+25	+36	+55	-4+Δ	—	-20+Δ	-20	-34+Δ	0	-56	-98	-170	-240	-350	-385	-525	-650	-790	-1000	-1300	-1700	4	4	7	9	20	29
>315~355	+1200	+600	+360	—	+210	+125	—	+62	—	+18	0	±IT/2	+29	+39	+60	-4+Δ	—	-21+Δ	-21	-37+Δ	0	-62	-108	-190	-268	-390	-425	-590	-730	-900	-1150	-1500	-1900	4	5	7	11	21	32
>355~400	+1350	+680	+400	—	+210	+125	—	+62	—	+18	0	±IT/2	+29	+39	+60	-4+Δ	—	-21+Δ	-21	-37+Δ	0	-62	-114	-208	-294	-435	-475	-660	-820	-1000	-1300	-1650	-2100	4	5	7	11	21	32
>400~450	+1500	+760	+440	—	+230	+135	—	+68	—	+20	0	±IT/2	+33	+43	+66	-5+Δ	—	-23+Δ	-23	-40+Δ	0	-68	-126	-232	-330	-490	-530	-740	-920	-1100	-1450	-1850	-2400	5	5	7	13	23	34
>450~500	+1650	+840	+480	—	+230	+135	—	+68	—	+20	0	±IT/2	+33	+43	+66	-5+Δ	—	-23+Δ	-23	-40+Δ	0	-68	-132	-252	-360	-540	-595	-820	-1000	-1250	-1600	-2100	-2600	5	5	7	13	23	34

注（A~JS 为下偏差 EI，所有的公差等级；P~ZC 为上偏差 ES）；对于 P 至 ZC（≤7 级），在 >7 级的相应数值上增加一个 Δ 值。

注：(1) 基本尺寸小于或等于1 mm时，各级的A和B及大于8级的N均不采用。(2) JS的数值：对于IT7~IT11，若IT的数值(μm)为奇数，则取JS=±(IT数值-1)/2。(3) 对于≤IT8的K、M、N和≤IT7的P至ZC，所需Δ值从表内右侧选取。例如：>18~30 mm的K7，Δ=8，所以ES=-2+8=+6 μm；大于6~10 mm的P6，Δ=3，所以ES=(-15)+3=-12 μm。(4) 对小于或等于IT8的K。

实例操作见表 2.15。

表 2.15　尺寸公差带代号极限偏差计算

查出 $\phi50\text{k}7$ 的上、下极限偏差	
(1)	确定公称尺寸为 50 mm，公差等级为 IT7 级，基本偏差代号为 k
(2)	根据公称尺寸 50 mm 和基本偏差代号 k 查表 2-13，得基本偏差为下极限偏差，数值为 +0.002 mm
(3)	根据公称尺寸的公差等级 IT7 级，查表 2-11，得到公差值 0.025 mm
(4)	根据 $T_{\text{D}} = \text{ES} - \text{EI}$，求出 $\text{ES} = T_{\text{D}} + \text{EI} = 0.027$ mm
(5)	所以，其尺寸公差带代号为 $\phi50\text{k}7(^{+0.027}_{+0.002})$

四、孔、轴基本偏差的转换规则

当基本尺寸≤500 mm 时，孔的基本偏差可从轴的基本偏差换算得来。

孔与轴基本偏差换算原则：在孔、轴为同一公差等级或孔比轴低一级配合的条件下，当基轴制配合中孔的基本偏差代号与基孔制配合中轴的基本偏差代号相当时，其基本偏差的对应关系应保证按基轴制形成的配合与按基孔制形成的配合是相同的。

根据上述原则，孔的基本偏差按以下两种规则换算。

1. 通用规则(倒影规则)

用同一字母表示的孔、轴的基本偏差的绝对值相等，符号相反。孔的基本偏差是轴的基本偏差相对于零线的倒影，因此又称倒影规则，即

$$\text{ES} = -\text{ei}$$
$$\text{EI} = -\text{es}$$

通用规则适用于以下情况：

对于代号为 A～H 的基本偏差，不论孔与轴是否采用同级配合，均按通用规则确定，即 $\text{EI} = -\text{es}$。

对于代号为 K～ZC 的基本偏差，因标准公差大于 IT8 的 K、M、N 和大于 IT7 的 P 至 ZC，一般孔、轴采用同级配合，故按通用规则确定，即 $\text{ES} = -\text{ei}$，但标准公差大于 IT8、基本尺寸大于 3 mm 的 N 例外，其基本偏差 ES 等于零，即 $\text{ES} = 0$。

2. 特殊规则

用同一字母表示孔、轴的基本偏差时，孔的基本偏差 ES 和轴的基本偏差 ei 符号相反，而绝对值相差一个 Δ 值。

因为在较高的公差等级中，同一公差等级的孔比轴加工困难，为了保证孔和轴的加工难易程度相当，常采用比轴低一级的孔相配合，并要求两种配合制所形成的配合性质相同。

基孔制配合时，最小过盈为

$$Y_{\text{min}} = \text{ES} - \text{ei} = \text{IT}n - \text{ei}$$

基轴制配合时，最小过盈为

$$Y_{\text{min}} = \text{ES} - \text{ei} = \text{ES} - (-\text{IT}n - 1)$$

要求具有相同的配合性质，故有

$$ITn - ei = ES + ITn - 1$$

由此得出孔的基本偏差为

$$ES = -ei + (ITn - ITn - 1) = -ei + \Delta$$
$$\Delta = ITn - ITn - 1$$

式中，ITn——某一等级孔的标准公差；

$ITn - 1$——比相配合的孔高一级的轴的标准公差。

特殊规则适用于以下情况：基本尺寸不大于 500 mm，标准公差不低于 IT8 的 J、K、M、N 和标准公差不低于 IT7 的 P 至 ZC。

孔的另一个偏差根据孔的基本偏差和标准公差，按以下关系计算：

$$EI = ES - T_D$$
$$ES = EI + T_D$$

按上述轴的基本偏差换算规则，国标列出了轴、孔的基本偏差数值，如表 2.13 和表 2.14 所示。

五、尺寸公差在图纸上的标注形式

尺寸公差在图纸上的标注如表 2.16 所示。

表 2.16　尺寸公差的标注形式

标　注	说　明
$\phi50^{+0.064}_{+0.025}$　$\phi50^{0}_{-0.025}$	标注规则参照表 2.11(尺寸标注规范)。用上、下极限偏差的数值表示尺寸精度，数值直观，便于用万能量具检测；试制单件及小批生产用此法较多
$\phi50F8$　$\phi50h7$	在孔和轴的公称尺寸数值的右边标出公差带代号，配合精度明确，标注简单，便于与装配图对照；此法适用于大批量生产
$\phi150F8(^{+0.064}_{+0.025})$　$\phi150h7(^{0}_{-0.025})$	在孔和轴的公称尺寸数值的右边同时标出尺寸公差带代号和上、下极限偏差，有明确配合精度，又有公差数值；此法适用于生产规模不确定的情况

六、常用的公差带代号

在国家标准 GB/T 1800.1—2020 中，对公称尺寸至 500 mm 的公差带，划分了 20 个公差等级、28 个不同的公差带位置，并由 28 个不同的基本偏差代号来表示。如果各公差等级和各基本偏差代号任意组合，可组成 $20 \times 28 = 560$ 种尺寸公差带。然而，由于孔的基本偏差代号 J 仅保留了 J6、J7、J8 三种，轴的基本偏差代号 j 所对应的公差带只保留了 j5、j6、j7、j8 四种，因此，实际可组成的孔的公差带为 543 种，轴的公差带为 544 种。如果这么多公差带都被使用，不利于生产管理和标准化生产，因此，国家标准通过筛选，推荐了能够满足生产需要的常用和优先公差带，如图 2.10 和图 2.11 所示。孔的常用公差带为 45 种，方框中的是优先公差带，为 17 种。轴的常用公差带为 50 种，方框中的是优先公差带，为 17 种。在进行精度设计时应按优先、常用的顺序选用公差带，即选择公差带时，先选用方框中的公差带，再选用其他的公差带。

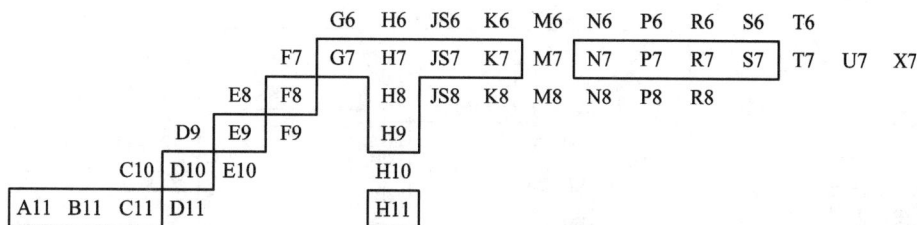

				G6	H6	JS6	K6	M6	N6	P6	R6	S6	T6		
			F7	G7	H7	JS7	K7	M7	N7	P7	R7	S7	T7	U7	X7
		E8	F8		H8	JS8	K8	M8	N8	P8	R8				
	D9	E9	F9		H9										
	C10	D10	E10		H10										
A11	B11	C11	D11		H11										

图 2.10　孔的常用和优先公差带(摘自 GB/T 1800.1—2020)

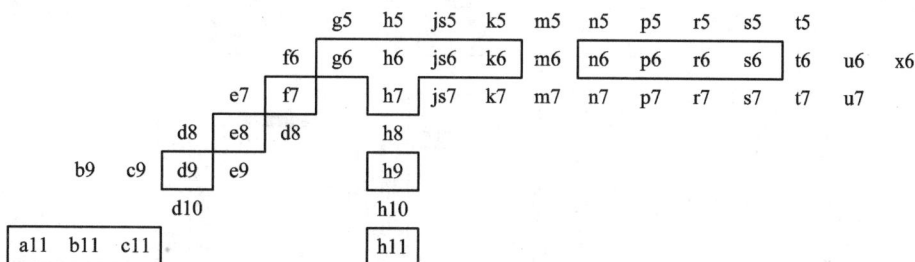

				g5	h5	js5	k5	m5	n5	p5	r5	s5	t5		
			f6	g6	h6	js6	k6	m6	n6	p6	r6	s6	t6	u6	x6
		e7	f7		h7	js7	k7	m7	n7	p7	r7	s7	t7	u7	
	d8	e8	d8		h8										
b9	c9	d9	e9		h9										
	d10				h10										
a11	b11	c11			h11										

图 2.11　轴的常用和优先公差带(摘自 GB/T 1800.1—2020)

2.5　配　　合

配合是指公称尺寸相同并且相互结合的孔与轴公差带之间的关系，如图 2.12 所示。孔的尺寸减去相配合的轴的尺寸所得的代数差称为间隙或过盈。注意，一定是孔的尺寸减去轴的尺寸，代数差为正时才叫作间隙，代数差为负时叫作过盈。也就是说，当某一对公称尺寸相同的孔和轴结合时，若孔比轴大，则形成间隙；若孔比轴小，则形成过盈。根据相配合的孔和轴相配合时形成间隙和过盈的不同情况，可将配合分为间隙配合、过盈配合和过渡配合，如图 2.13 所示。

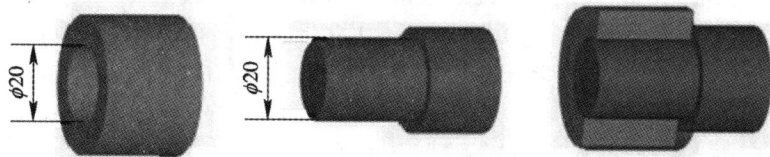

配合的定义

图 2.12　配合的定义

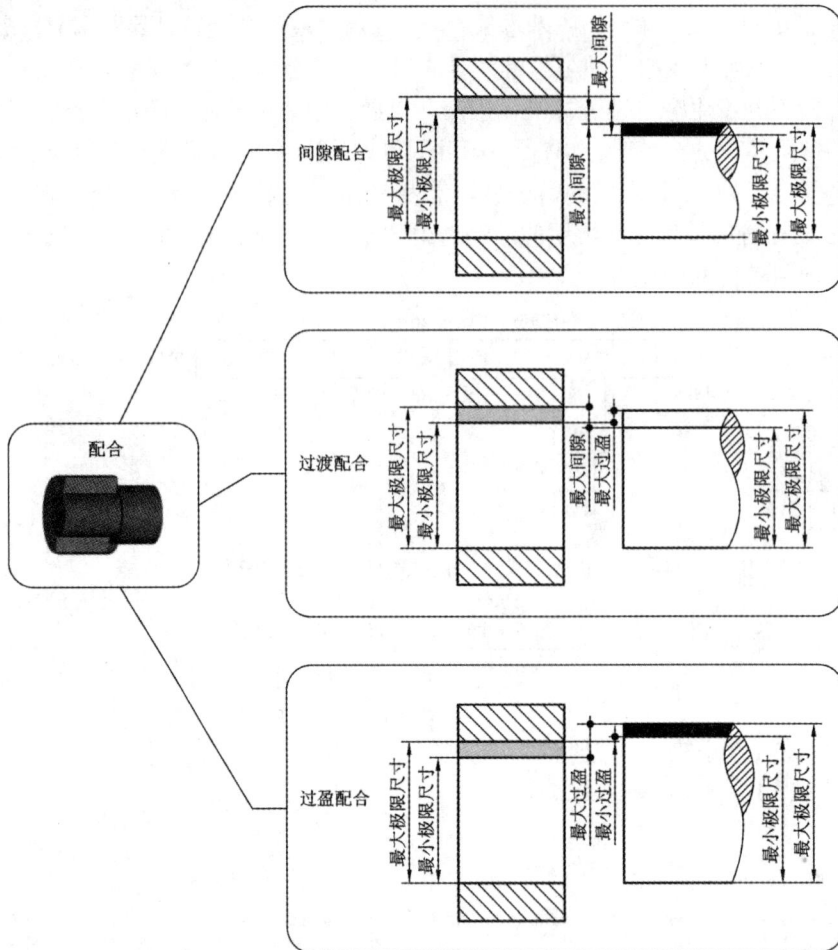

图 2.13　配合的分类

配合的分类

一、间隙配合

间隙配合是指具有间隙(包括最小间隙等于零)的配合。间隙配合的特点是孔的公差带在轴的公差带之上，如图 2.14 所示。由于孔和轴的尺寸在各自的公差带内变动，因此装配后每对孔、轴的间隙也是不确定的，即配合后的间隙大小不同。间隙的变化代表了配合松紧程度的变化，配合最松时为最大间隙，用符号 X_{max} 表示；配合最紧时为最小间隙，用符号 X_{min} 表示。

当孔为上极限尺寸且轴为下极限尺寸时配合最松，会出现最大间隙：

$$X_{max} = D_{max} - d_{min} = ES - ei$$

当孔为下极限尺寸且轴为上极限尺寸时配合最紧，会出现最小间隙：

$$X_{min} = D_{min} - d_{max} = EI - es$$

为了表达一批装配件的平均配合松紧程度，引入了平均间隙，用符号 X_{av} 表示，其表达式为

$$X_{av} = \frac{1}{2}(X_{max} + X_{min})$$

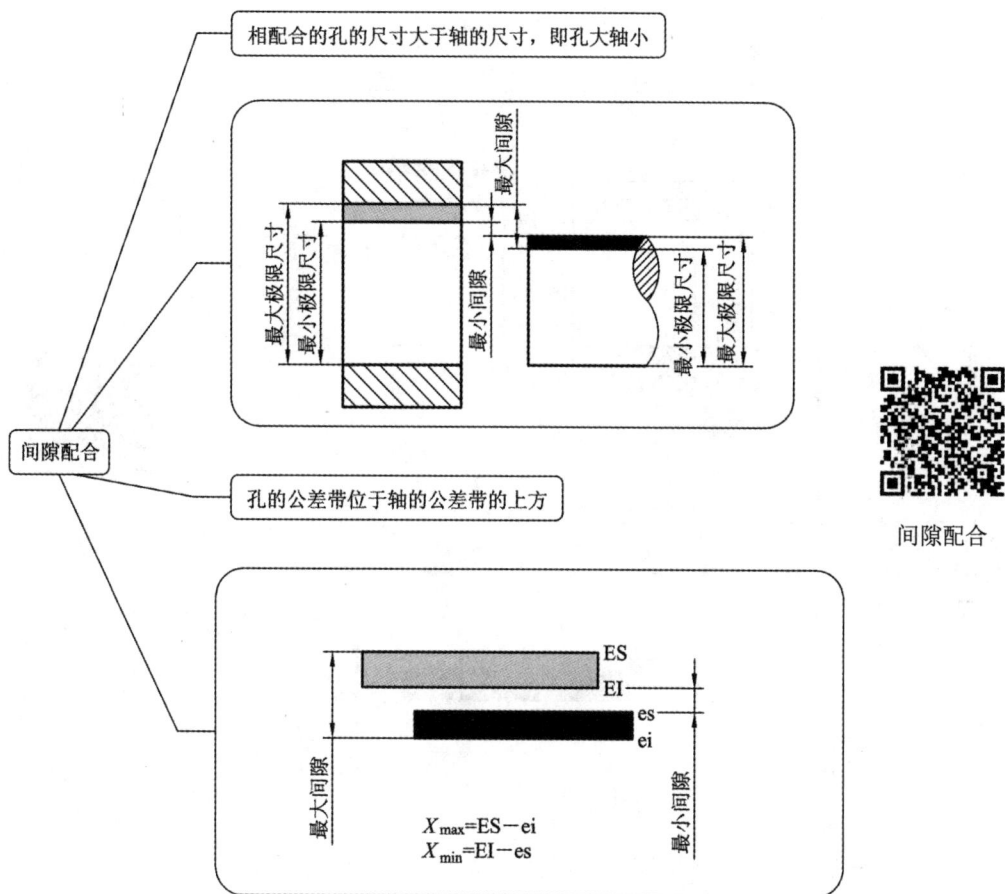

相配合的孔的尺寸大于轴的尺寸，即孔大轴小

间隙配合

孔的公差带位于轴的公差带的上方

$X_{\max}=\text{ES}-\text{ei}$
$X_{\min}=\text{EI}-\text{es}$

图 2.14　间隙配合

间隙配合

二、过盈配合

过盈配合是指具有过盈(包括最小过盈等于零)的配合。过盈配合的特点是孔的公差带在轴的公差带之下，如图 2.15 所示。由于孔和轴的尺寸在各自的公差带内变动，因此装配后每对孔、轴的过盈也是不确定的，即配合后的过盈大小不同。过盈的变化代表了配合松紧程度的变化：配合最松时为最小过盈，用符号 $Y_{\min}$ 表示；配合最紧时为最大过盈，用符号 $Y_{\max}$ 表示。

当孔为上极限尺寸且轴为下极限尺寸时配合最松，会出现最小过盈：

$$Y_{\min} = D_{\max} - d_{\min} = \text{ES} - \text{ei}$$

当孔为下极限尺寸且轴为上极限尺寸时配合最紧，会出现最大过盈：

$$Y_{\max} = D_{\min} - d_{\max} = \text{EI} - \text{es}$$

为了表达一批装配件的平均配合松紧程度，引入了平均过盈，用符号 Y_{av} 表示，其表达式为

$$Y_{\text{av}} = \frac{1}{2}(Y_{\max} + Y_{\min})$$

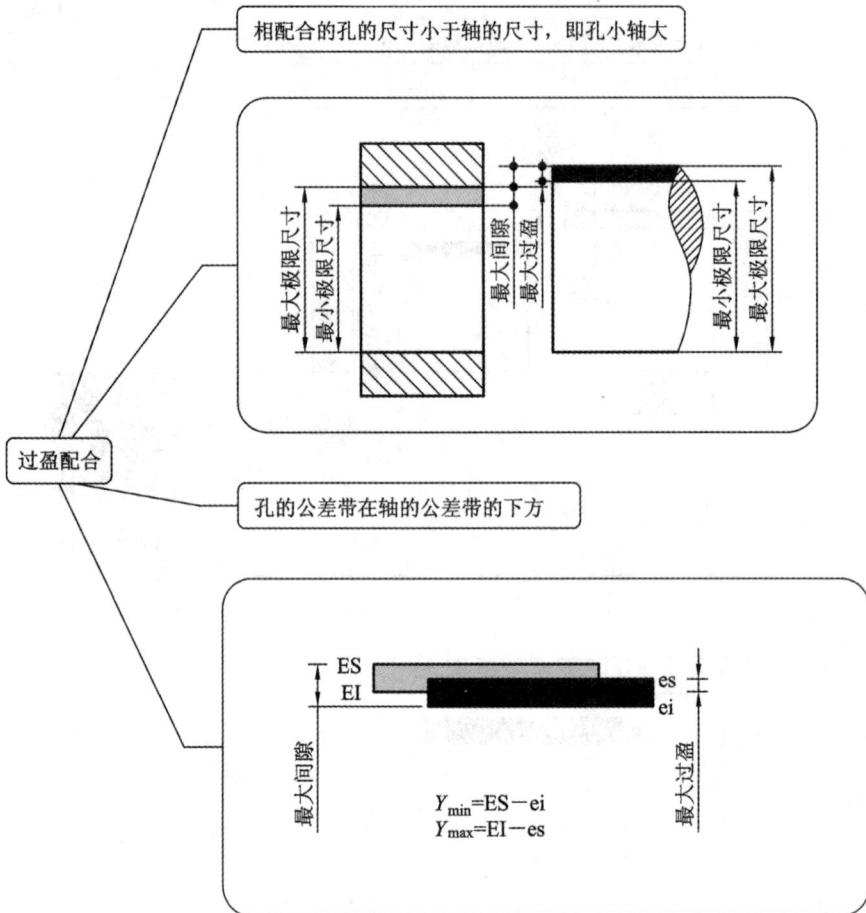

图 2.15　过盈配合

　　过盈配合在应用时应注意以下几点:

　　(1) 轴、孔过盈配合时,要有导向功能,即需要有倒角(孔、轴都要有一定倒角,即相配合的零件入口处都应作出倒角或起引导作用的锥面)。

　　(2) 过盈配合件间要有明确的定位机构(需设计有轴肩、凸台等确保产品过盈配合的深度);避免同时压入两个过盈面(两个过盈配合面同时压入或几乎同时压入的装配是非常困难的,应设计成两个配合面能逐个压入)。

　　(3) 锥面配合时,不能有定位结构(如用端面进行定位,就会导致两锥面之间可能存在间隙而失去配合关系)。

　　(4) 在盲孔中装入过盈配合应考虑排出空气,如果孔内部形成封闭空间,则会使安装困难;拔出时内部形成真空,则拔出更为困难。为避免形成封闭空间,必须设置供通气用的小孔或者内槽(这样做也能方便模具出模)。

　　(5) 在同一尺寸轴上进行深的过盈配合,其嵌入和卸出都很困难,要把带有过盈量的长度限制在必要的最小尺寸上,而使其他部分稍有间隙,方便嵌入。(另外,机加工轴较长的话,只把配合关系部位精度设计到满足要求,其他部分则可根据结构做大一些或小一些,精度低一些,这样加工也方便,成本也容易控制。)

三、过渡配合

过渡配合的特点是孔的公差带与轴的公差带相互交叠，如图 2.16 所示。若一批孔和轴形成过渡配合，则任一合格的孔与任一合格的轴装配可能形成间隙，也可能形成过盈。由于孔和轴的尺寸在各自的公差带内变动，因此装配后每对孔、轴的间隙和过盈也是不确定的，即配合后的间隙和过盈大小不同。间隙和过盈的变化代表了配合松紧程度的变化，配合最松时为最大间隙，配合最紧时为最大过盈。

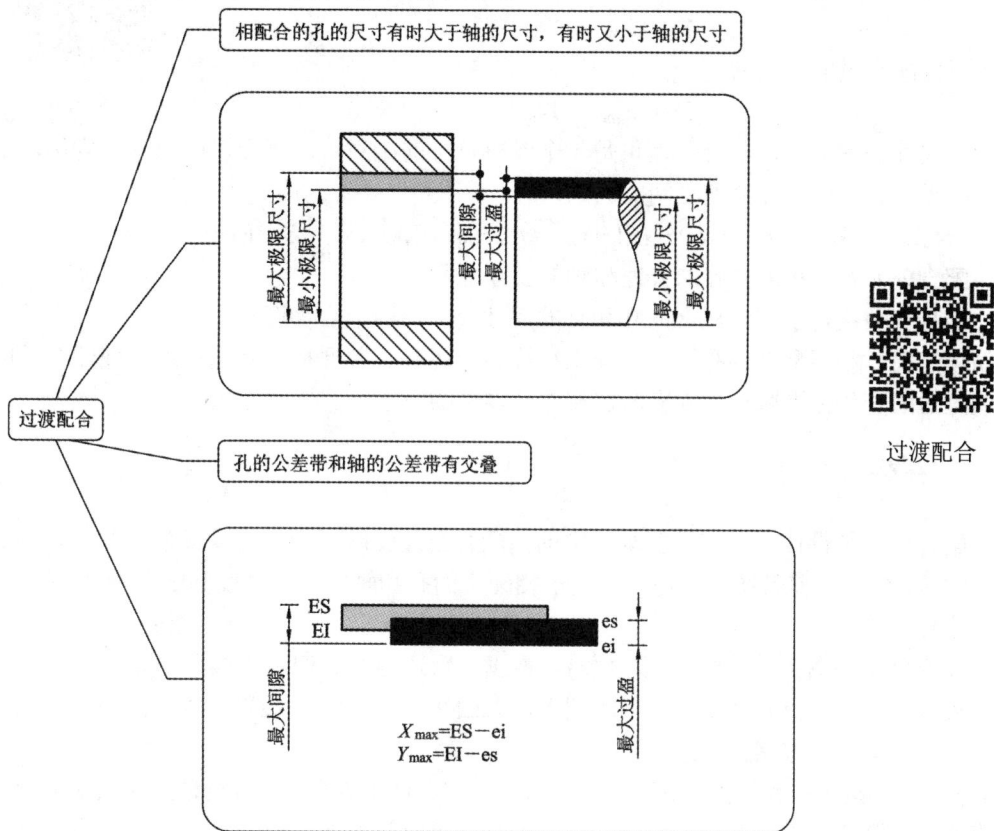

过渡配合

图 2.16　过渡配合

当孔为上极限尺寸且轴为下极限尺寸时配合最松，会出现最大间隙(X_{max})：

$$X_{max} = D_{max} - d_{min} = \mathrm{ES} - \mathrm{ei}$$

当孔为下极限尺寸且轴为上极限尺寸时配合最紧，会出现最大过盈(Y_{max})：

$$Y_{max} = D_{min} - d_{max} = \mathrm{EI} - \mathrm{es}$$

为了表达一批装配件的平均配合松紧程度，引入了平均盈隙 $Y_{av}(X_{av})$，其表达式为

$$Y_{av}(X_{av}) = \frac{1}{2}(Y_{max} + X_{max})$$

在过渡配合中可能出现平均间隙，也可能出现平均过盈：当平均盈隙的计算结果为正时，是平均间隙，为负时则是平均过盈。

四、配合公差

在配合中，间隙或过盈的变化反映了配合松紧程度的变化。为了更好地表示配合松紧程度的变化范围，引入配合公差(T_f)的概念，它是间隙或过盈允许的最大变动量。

间隙配合时的公差为

$$T_f = |X_{max} - X_{min}|$$

过盈配合时的公差为

$$T_f = |Y_{max} - Y_{min}|$$

过渡配合时的公差为

$$T_f = |X_{max} - Y_{min}|$$

配合公差

与尺寸公差一样，配合公差也是一个没有符号的绝对值。下面以间隙配合为例，推导配合公差与孔、轴尺寸公差之间的关系：

$$T_f = |X_{max} - X_{min}| = (ES - ei) - (EI - es) = ES - ei - EI + es = ES - EI + (es - ei) = T_D + T_d$$

配合公差等于相配合孔的公差和轴的公差之和。

配合公差决定了相互配合的孔和轴的尺寸公差，即配合精度与零件加工精度有关，配合精度越高，则相配合的孔、轴的加工精度也应越高。若要提高装配精度，使配合后的间隙或过盈的变化范围减小，则应减小相配合零件的公差。

五、配合公差带图

配合公差是设计者按使用要求确定的，配合公差反映了配合精度，配合种类则反映了配合性质。配合公差带图直观地表示出了相配合的孔和轴的配合精度和配合种类(配合的松紧程度)。

配合公差带图是以零间隙(零过盈)为零线，用适当的比例画出极限间隙或极限过盈，从而表示间隙或过盈允许变动范围的图形，如图 2.17 所示。零线以上表示间隙，零线以下表示过盈。其绘制方法如下：

(1) 画一条水平线作为零线，零线表示了间隙和过盈为零，其零线之上的纵坐标为正，代表间隙；零线之下的纵坐标为负，代表过盈，单位是微米(μm)。

(2) 在零线的左端标注上"0"。

(3) 用符号 I 表示配合公差带，上、下端横线所代表的纵坐标值，表示孔和轴配合的极限间隙和极限过盈。如图 2.17 所示，配合公差带全部在零线上方时是间隙配合，配合公差带全部在零线下方时是过盈配合，横跨零线时是过渡配合。

(4) 将极限间隙或极限过盈的具体数值分别标注在符号 I 的右上角和右下角。

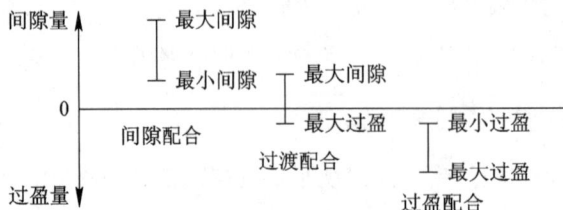

配合公差带图

图 2.17　配合公差带图

例 2.1　孔和轴相配合，孔的尺寸是 $50^{+0.025}_{0}$，轴的尺寸是 $50^{-0.025}_{-0.050}$，试判断配合类型，计算特征参数，并计算配合公差。

解　根据孔和轴的上、下极限偏差画尺寸公差带图，如图 2.18 所示，孔的公差带在轴的公差带之上，也就是说孔的任一尺寸都比轴大，所以属于间隙配合。

当孔为上极限尺寸且轴为下极限尺寸时配合最松，会出现最大间隙：

$$X_{max} = D_{max} - d_{min} = ES - ei = +0.025 - (-0.050) = 0.075 \text{ mm}$$

当孔为下极限尺寸且轴为上极限尺寸时配合最紧，会出现最小间隙：

$$X_{min} = D_{max} - d_{max} = EI - es = 0 - (-0.025) = 0.025 \text{ mm}$$

配合公差为

$$T_f = |X_{max} - X_{min}| = |-0.075 - 0.025| = 0.05 \text{ mm}$$

或

$$T_f = T_D + T_d = 0.025 + 0.025 = 0.05 \text{ mm}$$

配合公差带图如图 2.19 所示。

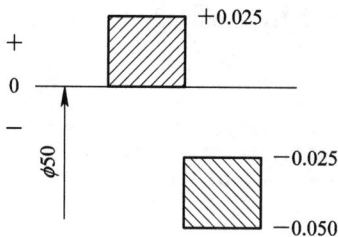

图 2.18　尺寸公差带图　　　　图 2.19　配合公差带图

例 2.2　孔和轴相配合，孔为 $50^{+0.025}_{0}$，轴为 $50^{+0.059}_{+0.043}$，试判断配合类型，计算特征参数，并计算配合公差。

解　根据孔和轴的上、下极限偏差画尺寸公差带图，如图 2.20 所示，孔的公差带在轴的公差带之下，也就是说孔的任一尺寸都比轴小，所以属于过盈配合。

例题讲解

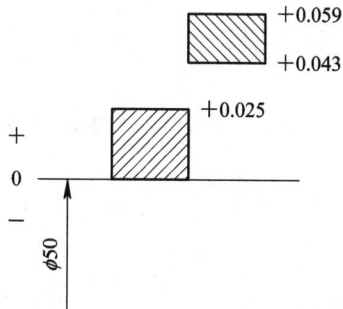

图 2.20　尺寸公差带图

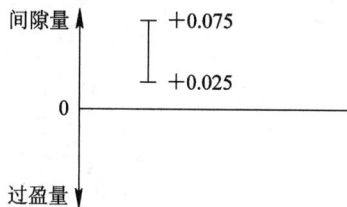

当孔为上极限尺寸且轴为下极限尺寸时配合最松，会出现最小过盈：

$$Y_{min} = D_{max} - d_{min} = ES - ei = +0.025 - 0.043 = -0.018 \text{ mm}$$

当孔为下极限尺寸且轴为上极限尺寸时配合最紧，会出现最大过盈：

$$Y_{max} = D_{min} - d_{max} = EI - es = 0 - 0.059 = -0.059 \text{ mm}$$

配合公差为

$$T_f = | Y_{max} - Y_{min} | = | -0.059 + 0.018 | = 0.41 \text{ mm}$$

或

$$T_f = T_D + T_d = 0.025 + 0.016 = 0.041 \text{ mm}$$

配合公差带图如图 2.21 所示。

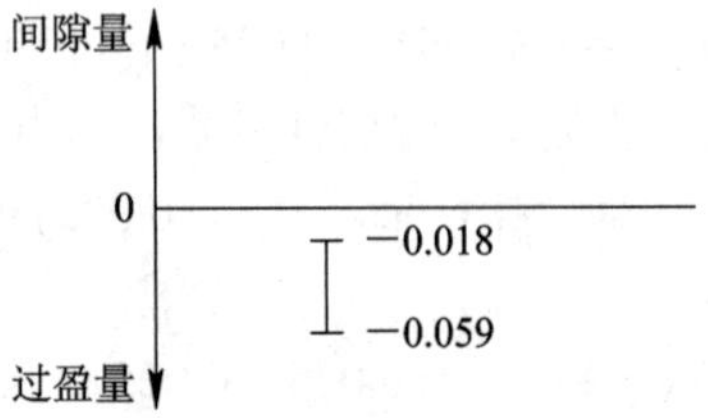

图 2.21　配合公差带图

例 2.3　孔和轴相配合，孔为 $50^{+0.025}_{0}$，轴为 $50^{+0.018}_{+0.002}$，试判断配合类型，计算特征参数，并计算配合公差。

解　根据孔和轴的上、下极限偏差画尺寸公差带图，如图 2.22 所示，孔的公差带和轴的公差带有交叠，所以属于过渡配合。

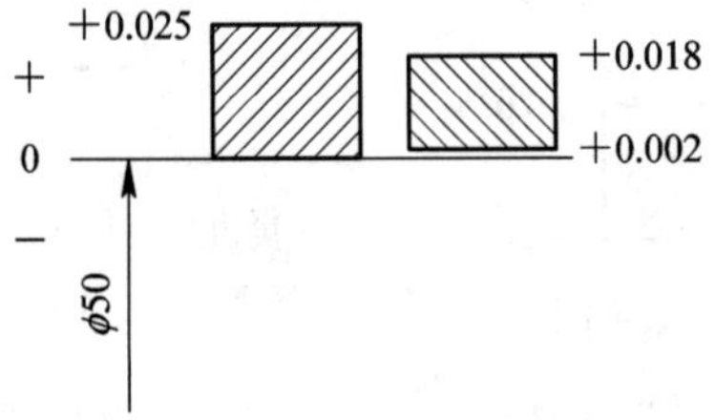

图 2.22　尺寸公差带图

当孔为上极限尺寸且轴为下极限尺寸时配合最松，会出现最大间隙：

$$X_{max} = D_{max} - d_{min} = ES - ei = 0.025 - 0.002 = 0.023 \text{ mm}$$

当孔为下极限尺寸且轴为上极限尺寸时配合最紧，会出现最大过盈：

$$Y_{max} = D_{min} - d_{max} = EI - es = 0 - (+0.018) = -0.018 \text{ mm}$$

配合公差为

$$T_f = | X_{max} - Y_{max} | = | 0.023 - (-0.018) | = 0.041 \text{ mm}$$

或

$$T_f = T_D + T_d = 0.025 + 0.016 = 0.041 \text{ mm}$$

配合公差带图如图 2.23 所示。

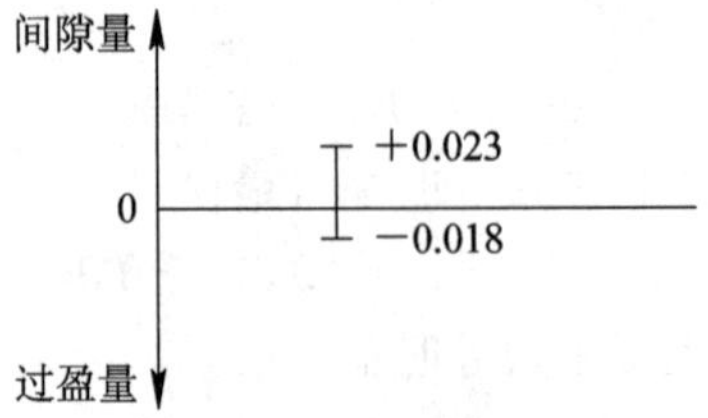

图 2.23　配合公差带图

六、基准制

按照国家标准 GB/T 1800.1—2020 中的定义，经标准化的公差与偏差制度称为极限制，同一极限制(基本偏差为零)的孔和轴组成的一种配合制度称为配合制。如前文所述，变换孔和轴公差带的相对位置，可以组成不同性质、不同松紧程度的配合，但是为了简化，不需要将孔和轴的公差带同时变动，只需固定一个，变更另一个即可。同时，为了以尽可能少的标准公差带形成最多种的配合，国家标准 GB/T 1800.1—2020 规定了两种基准制，即基孔制和基轴制。若孔的公差带位置是固定的，且孔的基本偏差为零，就称为基孔制；若轴的公差带位置是固定的，且轴的基本偏差为零，则称为基轴制。

1. 基孔制配合

基孔制配合即基本偏差一定的孔的公差带，与不同基本偏差轴的公差带形成各种配合的一种制度。基孔制配合中的孔称为基准孔，代号为"H"，其下偏差为零(EI = 0)，如图 2.24 所示。基孔制配合的术语、特点及参数计算见表 2.17。

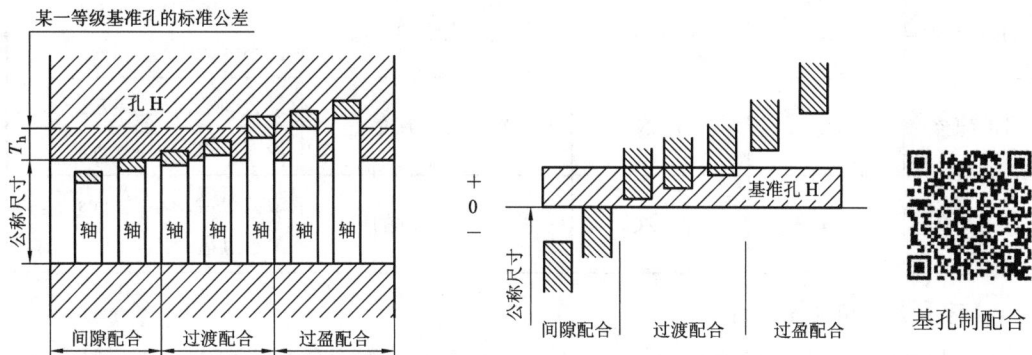

图 2.24　基孔制配合

表 2.17　基孔制配合的术语、特点及参数计算

配合类型	孔的基本偏差代号	轴的基本偏差代号	特　点	参数计算
间隙配合	H	a～h	孔的尺寸大于轴的尺寸	最大间隙：$X_{max} = ES - ei$ 最小间隙：$X_{min} = -es$
过渡配合	H	j～n	孔和轴的尺寸有交叠	最大间隙：$X_{max} = ES - ei$ 最大过盈：$Y_{max} = -es$
过盈配合	H	p～zc	孔的尺寸小于轴的尺寸	最大过盈：$Y_{max} = -es$ 最小过盈：$Y_{min} = ES - ei$

2. 基轴制配合

基轴制配合即基本偏差一定的轴的公差带，与不同基本偏差孔的公差带形成各种配合的一种制度。基轴制配合中的轴称为基准轴，代号为"h"，其上偏差为零(es = 0)，如图 2.25 所示。基轴制配合的术语、特点及参数计算见表 2.18。

基轴制配合

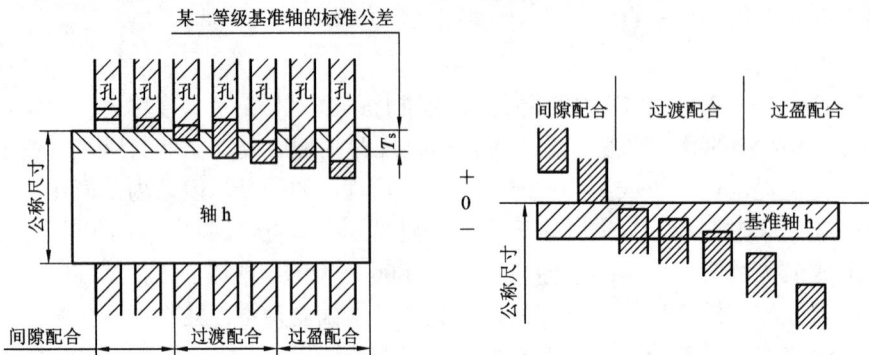

图 2.25 基轴制配合

基准制配合的特点

表 2.18 基轴制配合的术语、特点及参数计算

配合类型	轴的基本偏差代号	孔的基本偏差代号	特　　点	参数计算
间隙配合	h	A～H	孔的尺寸大于轴的尺寸	最大间隙：$X_{max} = ES - ei$ 最小间隙：$X_{min} = -es$
过渡配合	h	J～N	孔和轴的尺寸有交叠	最大间隙：$X_{max} = ES - ei$ 最大过盈：$Y_{max} = -es$
过盈配合	h	P～ZC	孔的尺寸小于轴的尺寸	最大过盈：$Y_{max} = -es$ 最小过盈：$Y_{min} = ES - ei$

3. 常用配合和优先配合

如果将孔的公差带和轴的公差带任意组合，可组成的配合有 543 × 544 = 295 392 种。但实际上用不了这么多种配合，故对配合进行了筛选，并推荐了一些常用配合和优先配合。GB 1800.1—2020 推荐了公称尺寸不大于 500 mm 范围内，基孔制的 16 种优先配合和 45 种常用配合，见表 2.19；对基轴制，规定了 18 种优先配合和 38 种常用配合，见表 2.20。其中，方框中的为优先配合，方框外的为常用配合。

表 2.19 基孔制配合的优先配合和常用配合(摘自 GB/T 1800.1—2020)

基孔制	轴公差带代号													
	间隙配合						过渡配合				过盈配合			
H6					g5	h5	js5	k5	m5		n5	p5		
H7				f6	g6	h6	js6	k6	m6	n6	p6	r6	s6	t6 u6 x6
H8			e7	f7		h7	js7	k7	m7				s7	u7
		d8	e8	f8		h8								
H9		d8	e8	f8		h8								
H10	b9	c9	d9	e9		h9								
H11	b11	c11	d10			h10								

表 2.20　基轴制配合的优先配合和常用配合(摘自 GB/T 1800.1—2020)

基轴制	孔公差带代号													
	间隙配合						过渡配合				过盈配合			
h5				G6	H6	JS6	K6	M6		N6	P6			
h6			F7	G7	H7	JS7	K7	M7	N7	P7	R7	S7	T7	U7	X7
h7		E8	F8		H8									
h8	D9	E9	F9		H9									
h9		E8	F8		H8									
	D9	E9	F9		H9									
	B11	C10	D10		H10									

国家标准规定，在选择配合时，首先选用表中的优先配合，其次选择常用配合。

七、配合代号在图样上的标注

配合代号在装配图中的标注如图 2.26 所示。配合代号写成分数的形式，分子为孔的公差带代号，分母为轴的公差带代号；也可写成斜分式，分号前面是孔的公差带代号，分号后面是轴的公差带代号。

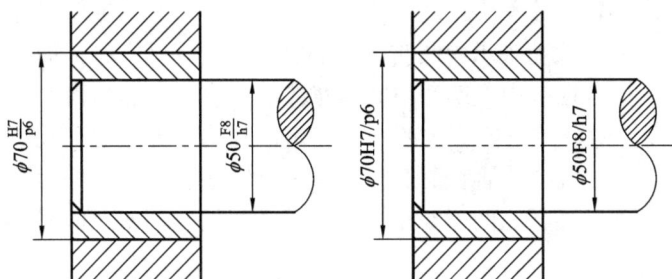

配合代号标注

图 2.26　配合代号的标注

配合代号给出了公称尺寸、配合制、公差等级和配合类型。例如，图 2.26 中的$\phi70H7/p6$，其中，公称尺寸为$\phi70$ mm，采用基孔制配合，孔的基本偏差代号为 H，公差等级为 7 级，与其配合的轴的基本偏差代号为 p，公差等级为 6 级。

2.6　配合的选择

在进行产品设计时，当通过有关计算确定了孔、轴配合的公称尺寸后，接下来需进行配合设计，即确定孔和轴的公差带代号，这叫作尺寸精度设计，是设计工作中非常重要的一个环节，它对保证产品的质量、性能以及降低生产成本都具有重要意义。设计的原则是在满足使用要求的前提下，获得最佳的技术经济效益，即要有效地解决使用要求与制造成本之间的矛盾。

尺寸精度设计包括选择基准制、确定公差等级和确定配合代号。

一、基准制的选择

1. 优先选用基孔制

基孔制配合的选用

在机械加工中，相同精度的孔和轴，其加工的难易程度是不同的。对轴来讲，不论其直径大小如何，都可用通用刀具加工，用通用量具测量；而孔的加工难度比相同精度要求的轴要大得多。另外，由于孔的加工常采用麻花钻、扩孔钻、铰刀、拉刀，检验需要塞规等定尺寸刀具和量具，因此，如果采用基孔制配合，使孔的公差带固定，则可相应减少孔加工中定值刀具和量具的规格和数量，从而降低生产成本。所以，一般情况下，若没有特殊要求，优先选用基孔制。

2. 特殊情况下可选用基轴制

在有些特殊情况下，采用基轴制比基孔制更经济合理，或更利于装配。比如在以下特殊情况下：

基轴制配合的选用

(1) 在农业机械、建筑机械和纺织机械中，常采用精度等级一定的冷拉棒料作轴。由于这些冷拉棒料已具有一定的精度和表面质量，不需要再进行机械加工，因此在这种情况下选用基轴制配合，其经济效果会更加明显。

(2) 与标准件配合时，基准制的选择通常依标准件而定。标准件通常是由专业工厂大量生产的，在制造时，其配合部位的公差带已经确定，所以与其配合的孔或轴只能以标准件为基准件来确定配合制。例如，滚动轴承内圈与轴颈的配合应选择基孔制，而外圈与外壳孔的配合应选择基轴制；在平键连接中，键宽与键槽宽的配合也应选择基轴制。

(3) 基轴制用在有明显经济效益的情况下，或同一基本尺寸的轴上装配有几个不同配合要求的零件的情况下。比如内燃机中的活塞销 1 与活塞 2 及连杆 3 的配合，如图 2.27 所示，根据需要，发动机的活塞销与连杆之间需要过渡配合，活塞销和活塞之间需要间隙配合。若采用基孔制配合，则会出现三个配合，即 $\phi 30 \dfrac{H6}{m5}$、$\phi 30 \dfrac{H6}{h5}$、$\phi 30 \dfrac{H6}{m5}$，活塞销将制作成阶梯状，如图 2.28 所示；这样既不便于加工，又不利于装配。若采用基轴制配合，则会出现三个配合，即 $\phi 30 \dfrac{M6}{h5}$、$\phi 30 \dfrac{H6}{h5}$、$\phi 30 \dfrac{M6}{h5}$，活塞销可制作成光轴，如图 2.29 所示；这样既方便加工，又利于装配。

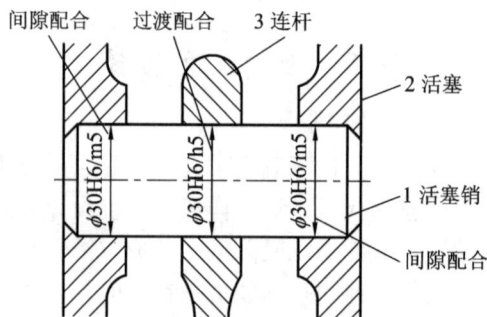

图 2.27　活塞和活塞销的配合

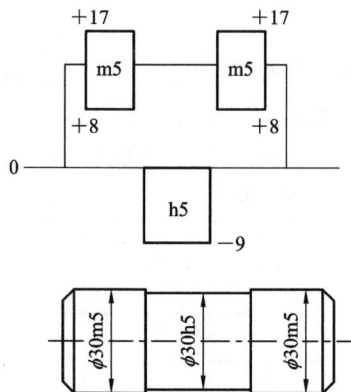

图 2.28　活塞和活塞销用基孔制配合　　　　图 2.29　活塞和活塞销用基轴制配合

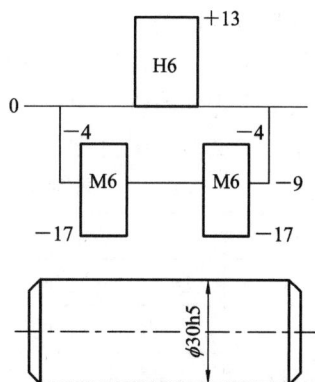

需要特别说明的是：在某些特殊场合，基孔制与基轴制的配合均不合适；为了满足某些特殊的配合需要，国家标准也允许采用非基准制配合，比如轴承盖与孔的配合为 J7/f8。

二、公差等级的确定

1. 类比法

选择公差等级，也就是为相配合的孔和轴确定公差等级。为了协调零部件的使用要求与制造工艺、成本之间的矛盾，其选择的原则是在满足使用要求的情况下，选用较低的公差等级。但要准确地选定公差等级是比较困难的。公差等级过低，将不能满足使用性能要求和保证产品质量；若公差等级过高，生产成本将成倍增加，显然不符合经济性要求。因此，应综合考虑，才能准确、合理地确定公差等级。由于精度设计尚基于以经验设计为主的阶段，所以公差等级的选择一般主要采用类比法。

所谓类比法，就是参考生产实践中总结出来的经验资料，并考虑待定零件的加工工艺、配合、结构特点等，经分析对比后确定要求设计的孔、轴公差等级。因此，使用类比法时需掌握各个公差等级的应用范围和各种加工方法所能达到的公差等级。

2. 计算法

对某些特别重要的配合，在有条件的情况下根据相应的因素确定要求的公差等级时，才用计算法进行精确设计，确定孔、轴的公差等级，并应综合考虑以下诸方面：

(1) 孔、轴公差等级的搭配关系(按工艺等价原则)。所谓工艺等价，是指孔和轴加工的难易程度相当。从加工方面考虑，公差等级较高时，中小尺寸的孔比同尺寸、同精度的轴加工难度要大一些，在工艺上是不等价的；若孔和轴的公差等级相同，而工艺不等价，则不利于平衡孔和轴的生产节拍。因此，尺寸不大于 500 mm 且标准公差不低于 IT8 时，推荐孔比轴低一等级相配合。而在公差等级较低时，由于公差数值较大，孔和轴的工艺等价问题并不突出，因此，在标准公差低于 IT8 或尺寸大于 500 mm 时，推荐孔、轴同级相配合。

(2) 选择公差等级时，应考虑与其相关零件或部件的精度。考虑相关件和相配件的精度关系，比如，滚动轴承轴径和外壳孔配合的公差等级与滚动轴承的精度有关；齿轮孔和轴配合的公差等级应取决于齿轮孔的精度等级。

(3) 考虑加工件的经济性，相配合的孔和轴的公差等级应在满足使用要求的前提下，尽可能地选择较大的公差等级。例如，孔的公差等级为 7 级，按工艺等价的原则，轴套内孔的公差等级应为 IT7，但由于轴套仅仅起到间隔和轴向调整作用，并没有定心的要求，允许采用较大间隙和较低的加工精度等级，所以轴的公差等级可以采用 IT9 级，从而降低了加工成本。表 2.21 列出了公差等级的主要应用范围，更详尽的应用范围见表 2.22。

表 2.21　公差等级的主要应用范围

公差等级	应 用 场 合
IT01～IT1	量块长度公差和其他精密尺寸标准块公差
IT2～IT5	特别精密零件的配合及精密量规
IT5～IT12	配合尺寸公差
IT6(孔到 IT7)	要求精密配合的情况
IT7～IT8	一般精度的配合或重型机械中精度要求高的场合，以及农业机械中的重要场合
IT9～IT10	一般要求的场合，或精度要求较高的槽宽的配合
IT11～IT12	不重要的配合
IT12～IT18	未注尺寸公差，包括冲压件、铸件和锻件

表 2.22　公差等级的主要应用范围(详细)

公差等级		适用范围	举 例
孔	轴		
≤IT5	<IT5	航空、航海、机床等中特别精密、重要的配合，一般机械制造中极少应用；特点是能保证配合性质的稳定性	飞机和发动机中个别特别精密的零件；与特别精密的滚动轴承相配合的机床主轴和壳体孔；高精度齿轮的基准孔和基准轴
IT6	IT5	机械制造中精度要求很高的重要配合；特点是能得到均匀的配合性质，使用可靠	航空发动机中活塞销与活塞孔座、连杆孔；飞机和发动机、航空仪表中的重要精密小孔；精密丝杠的基准轴；与精密轴承相配合的轴或孔；精密齿轮的基准孔和基准轴
IT7	IT6	广泛应用于一般机械制造中精度要求高、较重要的配合	曲轴轴颈和连杆孔；气缸头排气处的孔与导套外径的配合；机床丝杠的支承轴颈和孔、摇臂钻床立柱；齿轮孔与轴；机床夹具导向件的内孔；定位用的销和孔；与普通精密轴承相配合的轴和孔
IT8	IT7～IT8	在机械制造中属于中等精度，用于对配合性质要求不太高的次要配合	一般机械中速度不高的皮带轮与轴的配合；重型、农用机械中的重要配合处；气缸头的气门座和座孔；涡轮叶片凸台的基准孔
IT9～IT10		属于较低精度；配合的确定性较差	一般要求的圆柱件配合，机床制造中轴套外径与孔配合；操纵件与轴；光学仪器中的一般配合；键槽宽与键宽的配合；纺织机械中一般配合零件
IT11～IT13		属于低精度，配合性质粗糙，只适用于无太大或基本上无配合要求处。多用于装配后，可能有较大或很大间隙的场合	机床中法兰盘止口与孔；滑块与滑移齿轮凹槽；手工制造中用的工具及设备中的未注公差尺寸；纺织机械中粗糙活动配合

下面通过一个例子来说明如何运用计算法确定公差等级。

例 2.4　某间隙配合的公称尺寸为ϕ60 mm，要求最大间隙为 25～80 μm，试通过计算确定孔和轴的公差等级。

解　根据题意，配合公差 T_f = 80 - 25 = 55 μm，孔的公差与轴的公差之和应该小于等于 55 μm。若选孔的等级为 7 级(公差为 30 μm)，轴的等级为 6 级(公差为 19 μm)，二者之和为 49 μm < 55 μm，符合要求，所以选定孔的精度等级为 7 级，轴的精度等级为 6 级。

三、配合代号的确定

基准制的选择是确定采用基孔制还是基轴制；公差等级的选择，是确定基准件和非基准件的公差等级；再进一步就是确定非基准件的基本偏差代号，这样配合代号就完全确定了。其方法主要有类比法、计算法和试验法。下面主要介绍类比法，并通过一个实例来介绍计算法。

1. 类比法

运用类比法选择配合的主要依据是使用要求和工作条件。选择时，应尽可能选用国家标准推荐的优先和常用配合。如果优先和常用配合不能满足要求，可选择标准中推荐的一般用途的孔、轴公差带，并按需要组成配合。如果仍不满足，可从国家标准中所提供的孔、轴公差带中选择合适的公差带。

应先确定配合类型，确定的方法见表 2.23。间隙配合的特性是具有间隙，它主要用于结合件有相对运动的配合。过盈配合的特性是具有过盈，它主要用于结合件没有相对运动的配合。过盈不大时，用键连接递扭矩；过盈较大时，靠孔、轴结合力传递扭矩。前者可以拆卸，后者是不可以拆卸的。过渡配合的特性是可能具有间隙，也可能具有过盈，但间隙和过盈量是比较小的；它主要用于定位精确并要求拆卸的相对静止的连接。表 2.24 列出了配合类型选用的特殊原则。

确定了配合类型后，应以优先配合为依据(见表 2.25)，结合已经确定的配合制以及孔和轴的公差等级，并考虑使用要求和工作条件，从中试选配合进行验算；若极限过盈或极限间隙满足使用要求，则可确定选用的配合为所需要的配合。表 2.26～表 2.28 列出了各种基本偏差的特性和应用。对试选的配合一定要进行验算，验算的依据为 GB/T 1801—2020《产品几何技术规范(GPS) 线性尺寸公差 ISO 代号体系 第 1 部分：公差、偏差和配合的基础》中的附录 B-应用 GB/T 1800.1 确定配合和公差带代号的示例。

表 2.23　配合类型选用的常见方法

无相对运动	传递扭矩	精确同轴	永久配合	过 盈 配 合
			可拆结合	过渡配合或基本偏差为 H(h)间隙配合 + 紧固件
		不要求精确同轴		稍大的间隙配合 + 紧固件
	不需要传递扭矩(定位要求)			过渡配合或小的过盈配合
有相对运动	只有移动			基本偏差为 H(h)、G(g)等间隙配合
	转动或移动 转动和移动的复合运动			基本偏差为 A～F(a～f)间隙配合

表2.24　配合类型选用的特殊原则

结合件间有相对运动	轴向移动件间的间隙要比旋转运动件间的间隙大
	高速回转运动要比低速回转运动的间隙大
	运动的准确性要求高或回转精度要求高，则间隙应小
	当支撑件数目多时，为补偿位置误差的影响，间隙应大
	润滑油的黏度大时，间隙应稍大
结合件间无相对运动	零件间靠过盈来保证传递较大扭矩或轴向力时，过盈应大
	如果加附加紧固件而不单纯靠结合面间的过盈，则过盈可小
考虑承受载荷的性质	在过盈配合中，承受动载荷要比承受静载荷的过盈大
	在间隙配合中，承受动载荷要比承受静载荷的间隙小
定心精度的要求	结合件间定心精度要求高且有相对运动时，间隙应小；当定心要求高且无相对运动时，过盈应小
工作温度	若孔的温度高于轴温，对于过盈配合，过盈应大；对于间隙配合，间隙应小
	若轴的温度高于孔温，对于过盈配合，过盈应小；对于间隙配合，间隙应大

表2.25　优先配合选用说明

配合	优先配合		选 用 说 明
	基孔制	基轴制	
间隙配合	$\dfrac{H11}{c11}$	$\dfrac{C11}{H11}$	间隙量非常大，用于很松、转动很慢的动配合；要求大公差与大间隙量的外露部件；要求装配方便且很松的配合
	$\dfrac{H9}{d9}$	$\dfrac{D9}{H9}$	间隙量很大的自由转动配合；用于精度非主要要求时，或有大的温度变动、高转速或大的轴颈压力时
	$\dfrac{H8}{f7}$	$\dfrac{F8}{H7}$	间隙不大的转动配合；用于中等转速与中等轴颈压力的精确转动，也可用于装配较容易的中等定位配合
	$\dfrac{H7}{g6}$	$\dfrac{G7}{H6}$	间隙很小的滑动配合；用于不希望自由转动但可以自由移动和滑动，也可用于要求明确的定位配合
	$\dfrac{H7}{h6}$	$\dfrac{H7}{h6}$	均为间隙定位配合，零件可自由装拆，而工作时一般相对静止不动
	$\dfrac{H8}{h7}$	$\dfrac{H8}{h7}$	在最大实体条件下的间隙为零
	$\dfrac{H9}{h9}$	$\dfrac{H9}{h9}$	在最小实体条件下的间隙量由公差等级决定
过渡配合	$\dfrac{H7}{k6}$	$\dfrac{K7}{h6}$	过渡配合，用于精密定位
	$\dfrac{H7}{n6}$	$\dfrac{N7}{h6}$	过渡配合，允许有较大过盈的更精密定位

配合	优先配合		选 用 说 明
	基孔制	基轴制	
过盈配合	$\dfrac{H7}{p6}$	$\dfrac{P7}{h6}$	过盈定位配合，即小过盈量配合；用于定位精度特别重要时，能以最好的定位精度达到部件的刚性及对中性要求。若要传递力，须加紧固件
	$\dfrac{H7}{s6}$	$\dfrac{S7}{h6}$	中等压入配合，适用于一般钢件，或用于薄壁件的冷缩配合；用于铸铁件，可得到最紧的配合。当受冲击力时，须加紧固件
	$\dfrac{H7}{u6}$	$\dfrac{U7}{h6}$	压入配合；适用于可以承受高压力的零件，无须加紧固件。装配时需要加热孔或冷却轴

表 2.26　(孔)各种基本偏差的特性和应用——间隙配合

	基本偏差	特 点		应 用
		间隙	运动	
间隙配合	a(A)，b(B)	特大		应用很少
	c(C)	很大	松弛	一般用于缓慢、松弛的动配合，用于工作条件差、受力变形，或为了装配而必须保证有较大的间隙时，推荐 H11/c11；其较高等级的 H8/c7 配合适用于轴在高温工作的紧密动配合，例如内燃机排气阀和导管
	d(D)	大	松转	一般用于 IT7～IT10，常用于密封盖、皮带轮与轴的配合，也适用于大直径滑动轴承配合，比如球磨机、轧滚成型、重型弯曲机等重型机械中的一些滑动轴承
	e(E)	明显	易转	多用于 IT7、IT8、IT9 级，适用于大跨距支承，多支点支承配合，高等级的 e 适用于大的、高速、重载支承，如涡轮发动机、大型发动机及内燃机主要轴承、凸轮轴轴承等配合
	f(F)	适中	正常	多用于 IT6、IT7、IT8 级的一般转动配合，当温度影响不大时，广泛用于如齿轮箱、小电动机、泵等转轴与滑动支承的配合
	g(G)	很小	滑动	多用于 IT5、IT6、IT7 级，配合间隙很小，制造成本高，除很轻负荷的精度装置外，不推荐用于转动配合；最适于不回转的精密滑动配合
	h(H)	无	不动	多用于 IT4～IT11，最小间隙虽为零，但多少有点间隙，广泛用于无相对转动的零件，作为一般的定位配合；如果温度变化不大，也可用于精密滑动配合

表 2.27　(孔)各种基本偏差的特性和应用——过渡配合

基本偏差	特　点		应　用
	平均间隙或过盈	过盈概率	
过渡配合 js(JS) j(J)	平均间隙较小	<1%	多用于 IT4~IT7，配合的间隙或过盈很小，主要用于要求定心且定期拆卸的定位配合，比如滚动轴承、齿圈与轮毂等，可用手或木槌装配
k(K)	平均间隙接近零	<30%	用于 IT4~IT7，定心较好，装配后零件受的接触应力小，能拆卸，推荐用于为了消除振动的定位配合；一般用木槌装配
m(M)	平均过盈不大	约90%	一般用于 IT4~IT7，定心好，在过渡配合中，配合较紧；加紧固件可传递较大载荷；一般用木槌装配，但在最大过盈时，要求有一定的压入力
n(N)	平均过盈稍大	>99%	多用于 IT4~IT7，配合很紧，通常推荐用于紧密的组件配合，也可用于精确定位处；加紧固件可传递大扭矩或冲击负荷，但拆卸较难，比如冲床上齿轮与轴的配合，需用锤或压力机装配

表 2.28　(孔)各种基本偏差的特性和应用——过盈配合

基本偏差	特　点		应　用
	平均过盈	可拆卸程度	
过盈配合 p(P)	轻压	容易	与 H6 或 H7 孔配合时是过盈配合，与 H8 孔配合时则为过渡配合；属于轻型压入配合，只用于传递较小扭矩或轴向力；若受冲击载荷，应加辅助紧固件
r(R)	请打	可拆	属于轻型压入配合，只能用于传递较小扭矩或轴向力；若受冲击载荷，应加辅助紧固件，对铁类零件为中等打入配合，对非铁类零件为轻打入配合；ϕ100 mm 以上为过盈配合，直径小时为过渡配合
s(S)	中等	困难	属于中等过盈配合，靠过盈可直接传递载荷，适于钢和铁类零件，可作为永久或半永久性的装配；尺寸较大时，为了避免损伤配合表面，需用热胀冷缩法装配；当受动载荷、震动冲击时，需加紧固件
t(T)	较大	困难	对钢和铸铁零件适于做永久性结合；不用键可传递力矩；需要用热胀冷缩法进行装配，例如联轴节与轴的配合
u(U)	较大	困难	一般应验算在最大过盈时工作材料是否损坏；要用热胀或者冷缩法装配，例如火车轮毂和轴的配合
v(V)、x(X)、y(Y)、z(Z)	分别属于中型、重型、特重型压入配合，过盈量依次增大，一般不推荐		

2. 计算法

下面通过一个例子来说明如何用计算法确定配合代号。

配合代号的选择

例 2.5　如图 2.30 所示，要求某内燃机中活塞销与活塞配合的间隙量为 0～0.022 mm，连杆与活塞销配合的间隙量不得大于 0.005 mm，过盈量不大于 0.017 mm。试确定其配合代号。

解　(1) 配合制的选择。一轴配多孔，所以应选择基轴制配合。

(2) 公差等级的选择。

$$T_f = |X_{max} - X_{min}| = 0.022 - 0 = 0.022 \text{ mm} = T_D + T_d$$

查表 2.10，孔选用 6 级，轴选用 5 级，孔的公差 $T_D = 0.013$ mm，$T_d = 0.009$ mm。

(3) 配合代号的选择。

① 活塞与活塞销之间的配合：

由于选用基轴制，故 es = 0，又因为 X_{min} = EI − es，则

$$EI = X_{min} + es = 0$$

因此，选择活塞公差为 $\phi30H6$，活塞与活塞销之间的配合为 $\phi30H6/h5$。

② 连杆与活塞销之间的配合：

由于已选定活塞销公差为 $\phi30h5$，活塞销的公差为 0.009 mm，则连杆公差等级为 IT6 = 0.013 mm，又因为基轴制过渡配合中孔基本偏差为上偏差，故可利用 X_{max} = ES − ei 得

$$ES = X_{max} + ei = 0.005 + (0 - 0.009) = -0.004$$

查表 2.14，得 M 对应的数值为 −0.008 + Δ，公差等级为 6 时 Δ = 0.004。

故基本偏差为 −0.004 mm，对应的基本偏差代号为 M。

因此选连杆公差为 $\phi30M6$，连杆与活塞销的配合为 $\phi30M6/h5$。

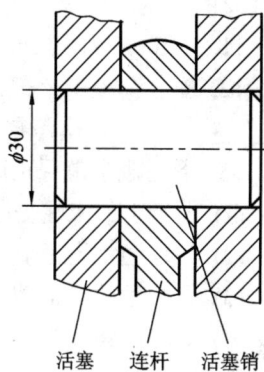

活塞　连杆　活塞销
图 2.30　例 2.5 图

习　　题

1. 在国际单位制中，长度的基本单位是_____。

2. 按国标 GB/T 4458.4—2003 规定，图样中的尺寸以_____为单位时，不需要标注计量单位的符号或名称，只需要注出数字即可。

3. 1 英寸(in) =_____厘米(cm) =_____毫米(mm)。

4. GB/T 1804—2000《未注公差的线性和角度尺寸公差》规定了 4 个公差等级，分别是_____、_____、_____和_____。

5. 以特定单位表示线性尺寸值的数值，即用特定单位表示长度值的数字，尺寸由_____和_____组成。

6. 基本偏差是确定零件公差带相对零线位置的上极限偏差或下极限偏差，规定_____为基本偏差，基准偏差与公差等级_____。

7. 根据相配合的孔和轴相配时形成间隙和过盈的不同情况，可将配合分为_____、

_____和_____三种类型。

8. 间隙配合是指孔的尺寸_____轴的尺寸的一种配合，即孔的公差带在轴的公差带_____。

9. 过盈配合是指孔的尺寸_____轴的尺寸的一种配合，即孔的公差带在轴的公差带_____。

10. 基孔制是_____为一定的孔的公差带，与_____轴的公差带形成各种配合性质的制度。

11. $\phi 60_{-0.021}^{0}$ 的轴与 $\phi 60_{-0.051}^{-0.019}$ 的孔配合，属于_____制，_____配合。

12. 配合公差带全部在零线上方时是_____，当配合公差带全部在零线下方时是_____，横跨零线时是_____。

13. 下列概念是否正确？

(1) 图纸上的未注公差即代表没有公差要求的尺寸。　　　　　　　　　(　　)

(2) 公差通常为正值，但在个别情况下也可为负值或零。　　　　　　　(　　)

(3) 孔和轴的加工精度越高，公差值越小。　　　　　　　　　　　　　(　　)

(4) GB/T 1800.1—2020 第一部分《公差、偏差和配合的基础》，仅适用于圆柱形线性尺寸要素。　　　　　　　　　　　　　　　　　　　　　　　　　　(　　)

(5) 若工件的实际尺寸等于其公称尺寸，则此工件一定是合格工件。　　(　　)

(6) 工件的实际偏差可以为正，可以为负，也可以为零。　　　　　　　(　　)

(7) 工件的尺寸为 $\phi 60_{-0.012}^{+0.018}$，若实际尺寸 $D_a = \phi 60.012$ mm，零件是合格的。　(　　)

尺寸公差计算

14. 将正确的数值填入下表中。

公称尺寸	上极限尺寸	下极限尺寸	上极限偏差	下极限偏差	公差
$\phi 21$			0	−0.013	
$\phi 50$			+0.064		0.039
$\phi 50$	$\phi 50$				0.025
$\phi 70$		$\phi 70.03$			0.03

15. 画尺寸公差带图(注意按同一比例画图)。

	$\phi 21_{0}^{+0.021}$	$\phi 70_{+0.03}^{+0.06}$	$\phi 60_{-0.006}^{+0.015}$
尺寸公差带图			

16. 查出下列尺寸代号的上、下极限偏差，并画出尺寸公差带图。

尺寸代号	$\phi28K7$	$\phi40M8$	$\phi25Z6$	$\phi30js6$	$\phi60J7$
查表					
尺寸公差带图					

17. 说明下列配合代号所表示的基准制、配合类型，并计算其极限间隙或过盈，画出孔、轴的尺寸公差带图和配合公差带图。

(1) $\phi20H8/f7$；

(2) $\phi40H8/t7$；

(3) $\phi65G7/h6$。

18. 设有一公称尺寸为 $\phi60$ mm 的配合，经计算确定其间隙应为 +25～+110 μm。若已经确定采用基孔制，试确定此配合的孔、轴公差带代号，并画出孔、轴配合的尺寸公差带图。

第3章　几何公差的国家标准

3.1　概　　述

几何公差概述

零件在加工中，不仅会产生尺寸误差，同时也会产生形状和位置误差，统称为几何误差。各种误差共同作用，将对配合性质、功能要求、互换性造成影响。如图 3.1 所示 ϕ80h7 的圆柱面，在微观情况下可以看出零件是具有几何误差的，圆柱体的素线并不直，任意位置的横截面也不是理想圆，ϕ80h7 和 ϕ40h7 的轴线也不重合。零件的几何误差会影响零件的使用质量，比如造成装配困难、零件磨损不均匀等问题。因此，必须制定相应的几何公差标准加以限制。为了保证零件的互换性并使零件的几何误差在许可的范围内，国家制定了一系列几何公差的标准：GB/T 1182—2018《产品几何技术规范(GPS)几何公差 形状、方向、位置和跳动公差标注》、GB/T 4249—2018《公差原则》、GB/T 16671—2018《产品几何技术规范(GPS)几何公差 最大实体要求(MMR)、最小实体要求(LMR)和可逆要求(RPR)》、GB/T 17851—2022《产品几何技术规范(GPS)几何公差 基准和基准体系》、GB/T 18780.1—2002《产品几何技术规范 几何要素第 1 部分：基本术语和定义》。

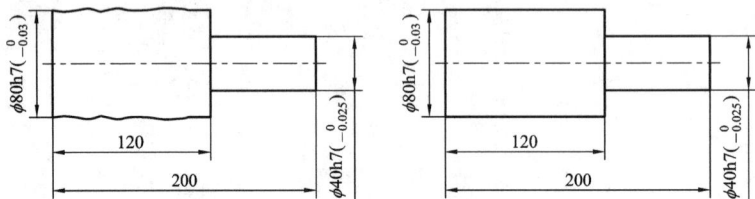

图 3.1　几何误差

一、几何要素

构成零件几何特征的点、线、面称为零件的几何要素。任何零件就其几何特征而言，都是由若干个点、线、面所构成的，如图 3.2 所示。几何要素可从不同角度进行分类，如表 3.1 所示。

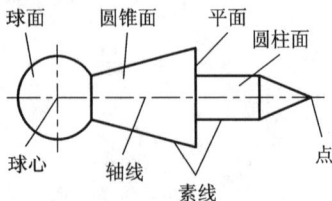

图 3.2　零件的几何要素

几何要素的分类

表 3.1　几何要素分类

分类原则	名称	含　义
按存在状态分	理想要素	具有几何意义的要素，如按设计要求给定的理想形状直线、平面、圆等
	提取要素	指零件上实际存在的要素，即零件加工完成之后，测量时所得到的要素。由于存在测量误差，提取要素并非该要素的真实状况
按所处地位分	被测要素	指给出了几何公差的要素，被测要素是检测的对象
	基准要素	用于确定被测要素的方向或位置的要素。理想的基准要素简称基准，它是确定被测要素的理想方向或位置的依据
按功能要求分	单一要素	对其本身给出形状公差要求的要素，只与本身要素有关，与其他要素无关
	关联要素	对其他要素有方向或位置关系的要素，即要求被测要素相对于基准要素保持一定的方向或位置
按结构特征分	组成要素(轮廓要素)	构成零件外形轮廓的面和面上的线，如球面、平面、圆柱面、圆锥面、素线等都属于组成要素
	导出要素(中心要素)	由一个或几个组成要素得到的中心点、中心线或中心面，即构成零件轮廓的对称中心的点、线、面，如圆心、球心、轴线、两平行平面的对称中心平面等。导出要素是随着组成要素的存在而存在的

二、几何公差项目

国家标准 GB/T 1182—2018 中规定了多项几何公差，对几何公差项目规定了形状公差和位置公差两类，而位置公差又包括方向公差、位置公差和跳动公差，见表 3.2，无基准的代表形状公差，有基准的代表位置公差，其中线轮廓度和面轮廓度有时是形状公差，有时是位置公差，有基准时为位置公差，无基准时是形状公差。

几何公差项目

表 3.2　几何公差项目及符号

公差类别		公差项目	符号	有无基准
形状公差	形状公差	直线度	—	无
		平面度	▱	无
		圆度	○	无
		圆柱度	⌀	无
		线轮廓度	⌒	无
		面轮廓度	⌓	无

续表

公差类别	公差项目	符号	有无基准	公差类别
位置公差	方向公差	平行度 //	有	
		垂直度 ⊥	有	
		倾斜度 ∠	有	
		线轮廓度 ⌒	有	
		面轮廓度 ⌓	有	
	位置公差	位置度 ⊕	有或无	
		同轴度(同心度) ◎	有	
		对称度 ≡	有	
		线轮廓度 ⌒	有	
		面轮廓度 ⌓	有	
	跳动公差	圆跳动 ⁄	有	
		全跳动 ⁄⁄	有	

三、几何公差带的标注

几何公差带是由公差框格、指引线以及基准符号组成的,如图 3.3 所示。表 3.3 列出了几何公差框格的形式以及被测要素、基准要素的标注规则。

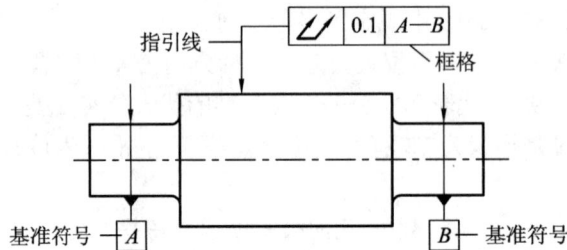

图 3.3　几何公差标注图样

表 3.3　几何公差的标注

几何公差带组成	符　号	说　明
框格	▱ 0.1	框格分成两格或多格,从左向右第一格标注几何公差符号,第二格标注公差数值,第三格和以后各格代表基准和有关符号。 特殊情况下也可以垂直放置,从下至上第一格标注几何公差符号,第二格为公差数值,第三格和以后各格代表基准和有关符号
	// 0.01 A	
	⊕ S∅0.1 A B C	A、B、C 组成基准体系

续表一

几何公差带组成	符　号	说　明
框格	◎ ⏐ φ0.01 ⏐ A—B	A—B 组成公共基准
	— ⏐ 0.01 ∥ ⏐ 0.06 ⏐ A	当对同一个被测要素有多种几何公差要求时，两个框格可以并列
	6×φ(12±0.02) ⊕ ⏐ φ0.1	当某个公差应用几个相同的要素时，应在公差框格的上方注明要素的个数，并在两者之间加上符号"×"
被测要素(指引线代表被测要素)指引线用细实线绘制，箭头指向零件被测要素的轮廓或被测要素轮廓的尺寸线，箭头与尺寸线箭头画法相同	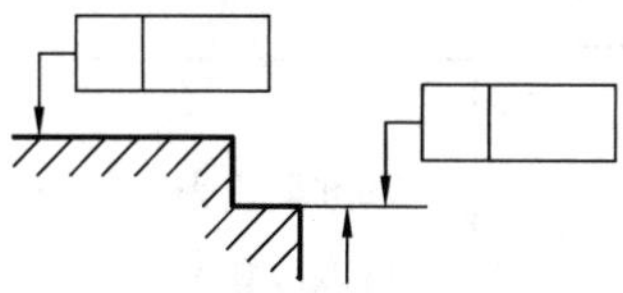	被测要素为零件的轮廓线或表面时，将指引线的箭头指向该要素的轮廓线及其延长线上，但必须要和尺寸线明显错开
	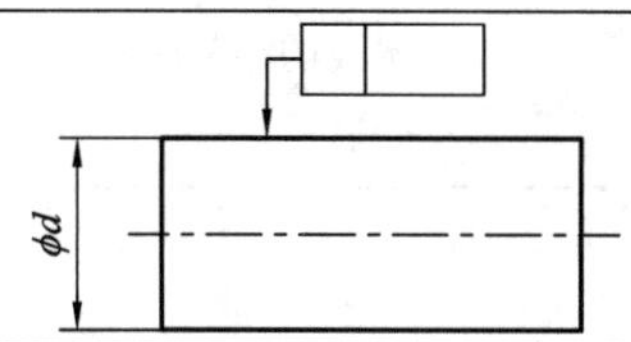 φd	被测要素的标注规则
	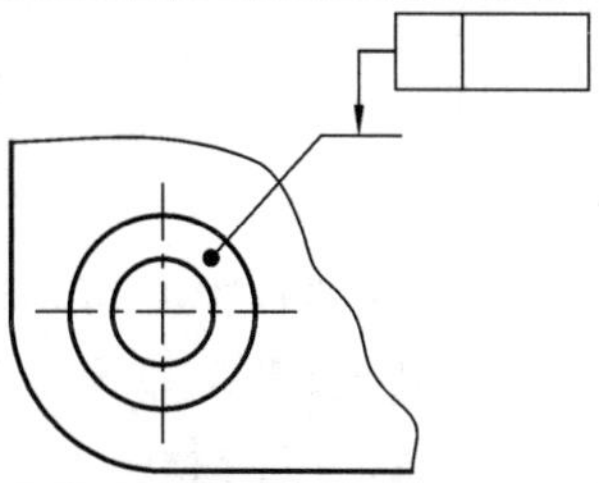	被测要素为零件表面时，指引线可以指在引出线的水平线上。引出线可由被测量面中引出，其引出线的端部应画一个圆黑点
	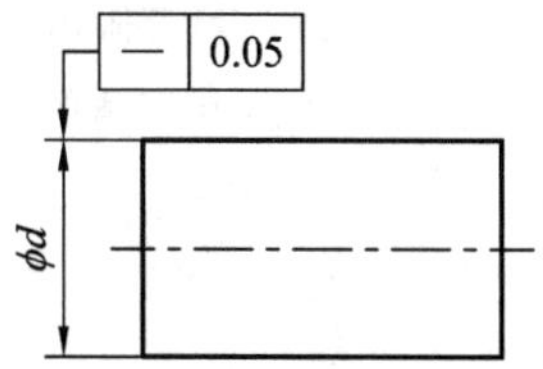 — ⏐ 0.05 φd	指引线和尺寸线对齐时，表示被测要素是尺寸线所表示的几何要素的中心要素，比如轴线、中心平面或中心点
	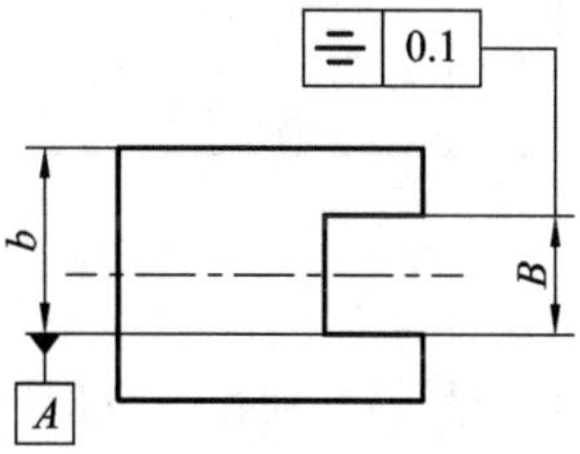 ≡ ⏐ 0.1 b　B A	
	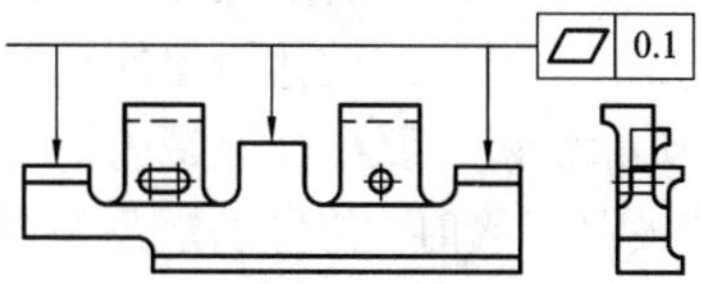 ▱ ⏐ 0.1	当几个被测要素具有相同的几何公差要求时，可共用一个框格，从框格一端引出多个指引线的箭头指向被测要素

几何公差带组成	符　号	说　明
基准要素		基准要素为零件的轮廓线或表面时,将基准符号中三角形放置在要素的轮廓线及其延长线上,但必须和尺寸线明显错开
基准要素的标注规则		基准要素为零件表面,基准符号中三角形也可以放置在轮廓面引出线的水平线上,其引出线的端部应画一个圆黑点
		基准符号中三角形和尺寸线对齐时,表示基准要素是该几何要素的中心要素,比如轴线、中心平面或中心点。 如果尺寸界限内两个箭头安排不下,另一个箭头可用三角形代替

四、几何公差

对产品的功能要求,除尺寸公差外,还要对产品的几何公差提出要求。几何公差是图样中对几何要素的形状和位置规定的允许的最大变动量。控制要素的形状或位置,均是对整个要素的控制。因此,设计给出的几何公差要求,实质上是对几何公差带的要求。实际要素只要在公差带内,可以具有任何形状,也可以在任何位置。在评定被测要素时,首先确定公差带,以此判断被测要素是否符合给定的几何公差要求。公差带应包括形状、大

公差带四要素

小、方向及位置四个要素。几何公差带是由一个或几个理想的几何线或面所限制的、由线性公差值表示其大小的区域。几何公差带四要素的详细说明见表 3.4。

表 3.4　几何公差带四要素

内容	种类	说明
几何公差带的形状	两等距线或两平行直线之间的区域，如图 3.4(a)所示 两等距曲线之间的区域，如图 3.4(b)所示 两等距面或两平行平面之间的区域，如图 3.4(c)所示 两等距曲面之间的区域，如图 3.4(d)所示 一个圆内的区域，如图 3.4(e)所示 一个圆球面内的区域，如图 3.4(f)所示 两个同心圆之间的区域，如图 3.4(g)所示 一个圆柱面内的区域，如图 3.4(h)所示 两同轴圆柱面之间的区域，如图 3.4(i)所示	① 几何公差带的主要形状是根据公差的几何特征及其标注方式来区分的 ② 如无其他说明，公差适用于整个被测要素 ③ 相对于其给出的几何公差，并不限定基准要素的几何误差
几何公差带的大小	公差带的宽度为 t 或直径为 ϕt，t 为公差值	几何公差带的大小取决于被测要素的形状和功能要求
几何公差带的方向	公差带的宽度方向为被测要素的法向	其方向由设计给出，被测要素应与基准保持设计给定的几何关系。对于形状公差带，设计时不作出规定，其方向应遵守评定形状误差的基本原则——最小条件原则
几何公差带的位置	形状公差带没有位置要求，只用来限制被测要素的形状误差。但形状公差带要受到相应的尺寸公差带的制约，在尺寸公差内浮动，或由理论正确尺寸固定。对于位置公差带，其位置是由相对于基准的尺寸公差或理论正确尺寸确定的	

几何公差带形状常见的有 9 种，如图 3.4 所示。

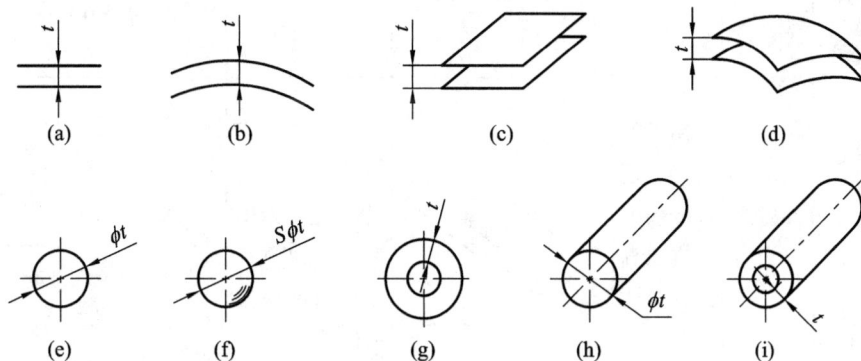

图 3.4　几何公差带的常见形状

3.2　形状公差

形状公差有直线度、平面度、圆度、圆柱度、线轮廓度、面轮廓度六个项目。形状公差是单一被测要素的形状相对其理想形状要素允许的变动全量；所谓变动全量，是指被测要素的整个长度。形状公差带是限制单一实际被测要素变动的区域。形状公差没有基准要求，所以形状公差带只有形状和大小　　形状公差的要求，而无方向和位置的要求，其公差带是浮动的，形状公差的定义和标注示例见表 3.5。

表 3.5　形 状 公 差

公差项目	作用	公差带	公差带的含义	公差项目标注示例
直线度：限制实际直线相对理想直线变动量的项目，用于控制平面内或空间内直线的形状误差	给定平面内	用于限定平面内直线的形状误差	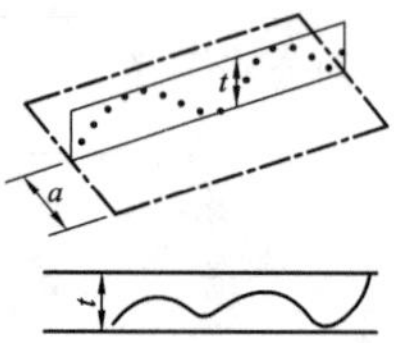 公差带为在给定平面内和给定方向上，间距等于公差值 t 的两平行直线所限定的区域	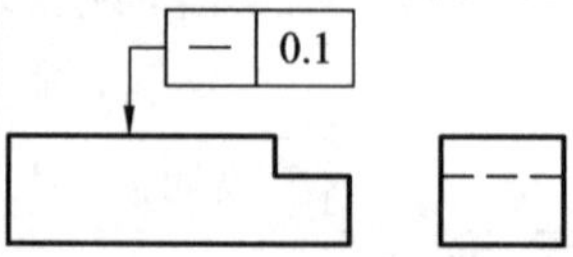 在平行于投影面的平面内，任一直线的直线度公差为 0.1 mm。在任一平行于图示投影面的平面内，上平面的提取(实际)线应限定在间距等于 0.1 mm 的两平行直线之间
	给定一个方向	用于限定给定方向上直线的形状误差	在给定方向上公差带为间距等于公差值 t 的两平行平面所限定的区域	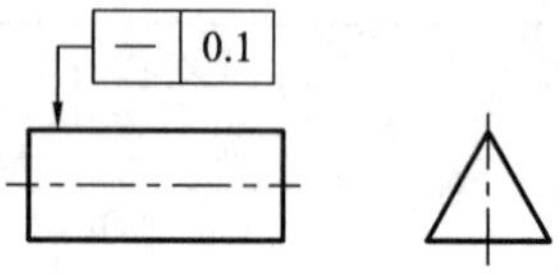 图示棱线在垂直方向的直线度公差为 0.1 mm。提取(实际)的棱边应限定在间距等于 0.1 mm 的两平行平面之间
轴线的直线度	给定两个方向	用于限定相互垂直的两个方向上直线的形状误差	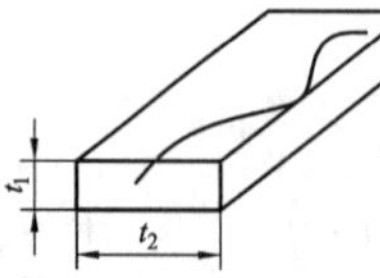 公差带是两对相互垂直的、距离为 t_1 和 t_2 的两平行平面之间限定的区域	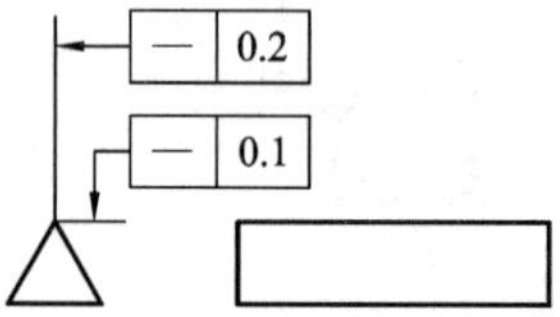 提取(实际)的棱边应限定 t_1、t_2 所在的相互垂直的两个方向

续表一

公差项目	作用	公差带	公差带的含义	公差项目标注示例
给定任意方向	用于任意方向上直线的形状误差	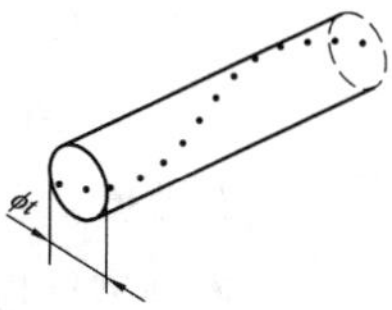	公差带是直径等于公差值 ϕt 的圆柱面所限定的区域	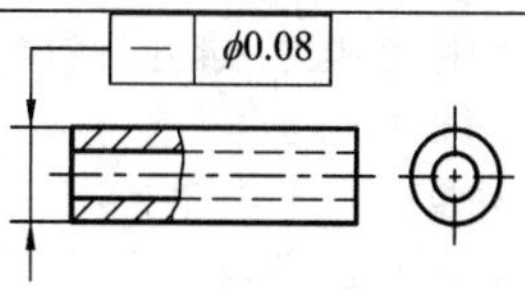 圆柱轴线的直线度公差为 $\phi0.08$ mm。 提取的外圆柱面(实际)中心轴线应限定在直径等于 $\phi0.08$ mm 的圆柱面内
平面度:限制实际表面相对理想表面变动量的项目,是单一提取平面所允许的变动全量 平面度	限制平面的形状误差	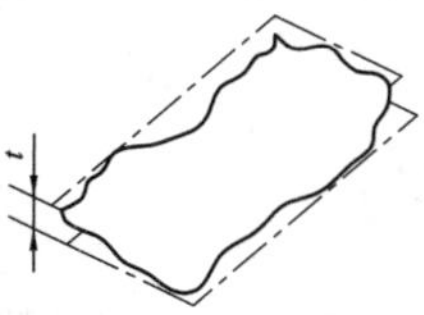	间距等于公差值 t 的两平行平面所限定的区域	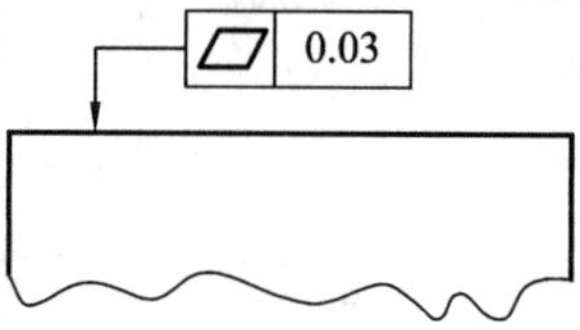 上平面的平面度公差为 0.03 mm。 提取(实际)表面应限定在间距等于 0.03 mm 的两平行平面之间
圆度:限制实际圆相对理想圆变动量的项目,是单一提取实际圆在垂直于轴线截面内的、半径差为公差值的两同心圆之间的区域的变动全量 圆度	限制回转体径向截面的形状误差	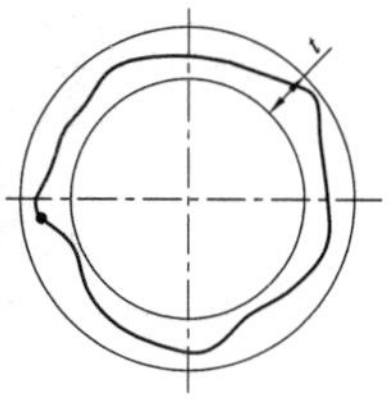	在给定横截面内、半径差等于公差值 t 的两同心圆所限定的区域	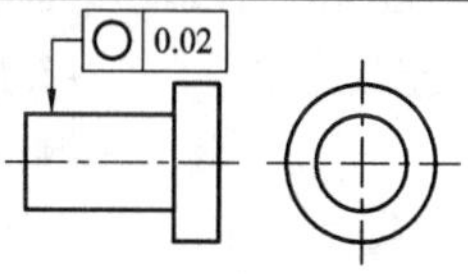 给定圆柱面的圆度公差为 0.02 mm。 在圆柱面任意横截面内提取(实际)圆周应限定在半径差等于 0.02 mm 的两共面同心圆之间 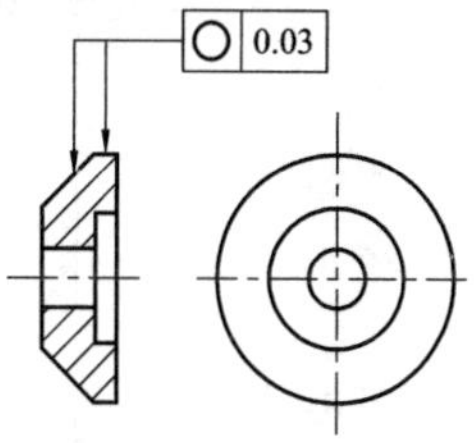 圆锥面和圆柱面的圆度公差均为 0.03 mm。 在圆柱面和圆锥面任意截面内提取(实际)圆周应限定在半径差等于 0.03 mm 的两共面同心圆之间

续表二

公差项目	作用	公差带	公差带的含义
圆柱度：限制实际圆柱面相对理想圆柱面变动量的项目，是单一提取圆柱面必须位于半径差为公差值的两同轴圆柱面之间允许的变动全量。它可以控制轴截面内的圆度、素线直线度、轴线直线度等误差，是控制圆柱体表面多项综合性形状误差的指标	限制整个圆柱表面的形状误差	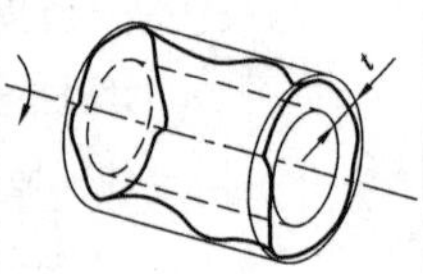 半径差等于公差值 t 的两同轴圆柱面所限定的区域	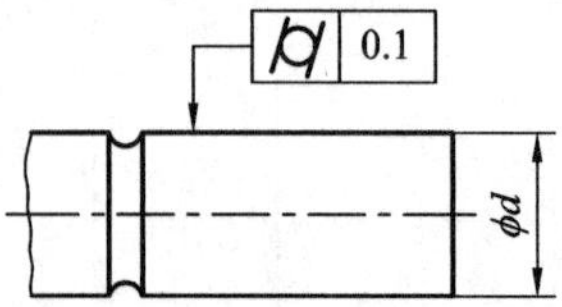 指定圆柱的圆柱度公差为0.1 mm。 提取(实际)圆柱面应限定在半径差等于0.1 m的两同轴圆柱面之间
当无基准时，线轮廓度是形状公差	限制平面曲线或轮廓线的形状误差	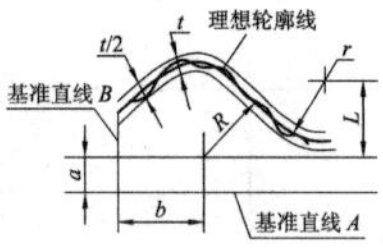 一系列直径等于公差值的圆的两包络线之间的区域，诸圆的圆心位于具有理论正确几何形状的线上	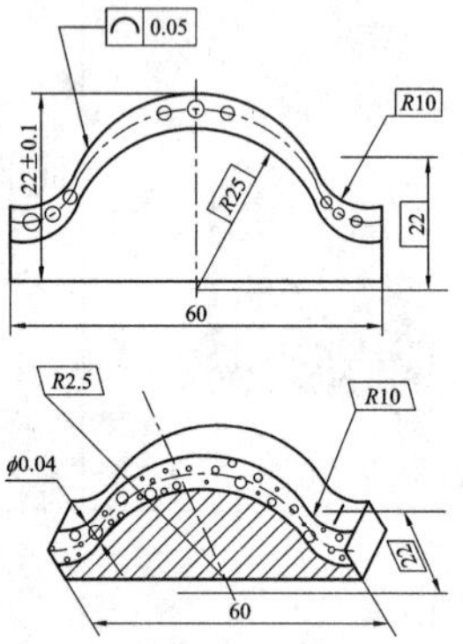 在任一平行于图示投影面的界面内，提取(实际)轮廓线应限定在直径等于0.04 mm、圆心位于被测要素理论正确几何形状上的一系列圆的两包络线之间
当无基准时，面轮廓度是形状公差	限制空间曲面或轮廓面的形状误差	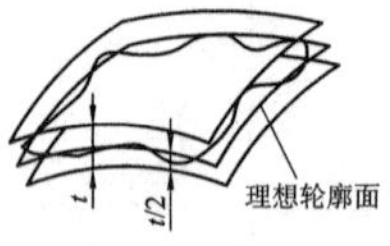 一系列直径等于公差值的球的两包络面之间的区域，诸球的球心位于具有理论正确几何形状的面上	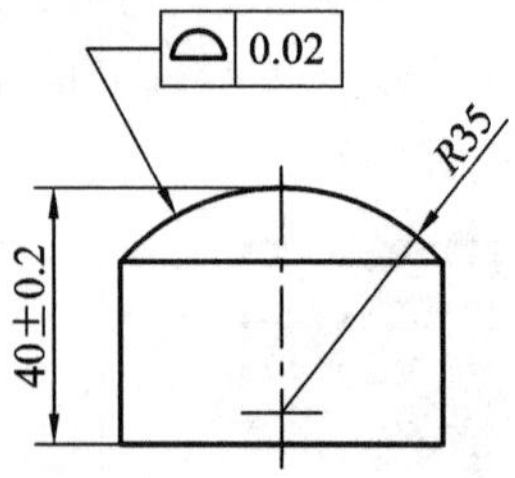 提取(实际)轮廓面应限制在直径等于0.02 mm、球心位于被测要素理论正确几何形状上的一系列圆球的两等距包络面之间

3.3　位 置 公 差

位置公差包括方向公差、位置公差和跳动公差。

基准和基准体系

一、基准和基准体系

基准是确定要素间几何关系方向或位置的依据。基准可以分为三类，分别为单一基准、公共基准和基准体系，表 3.6 为三类基准及其标注示例。

表 3.6　三类基准及其标注示例

单一基准： 由一个要素建立的基准，如一个平面、一条轴线等	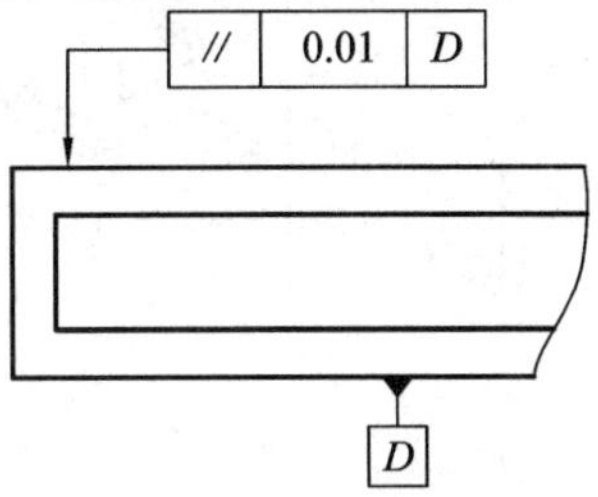
公共基准： 由两个或两个以上要素构成，起单一基准作用的基准，构成基准的要素理想状态下是共线或共面的	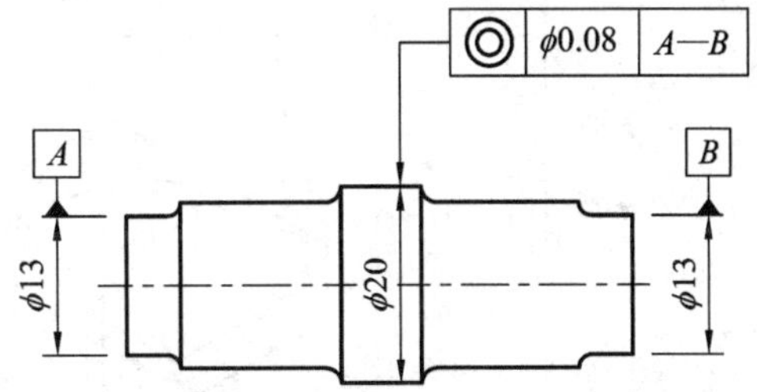
基准体系： 某被测要素需要由两个或三个相互间具有确定关系的基准共同确定的基准。其常见的形式有相互垂直的两平面基准或三平面基准，相互垂直的一直线基准和一平面基准构成的基准。注意基准的顺序，第一基准在框格的第三个格内，第二基准在第四个格内，第三基准在第五个格内	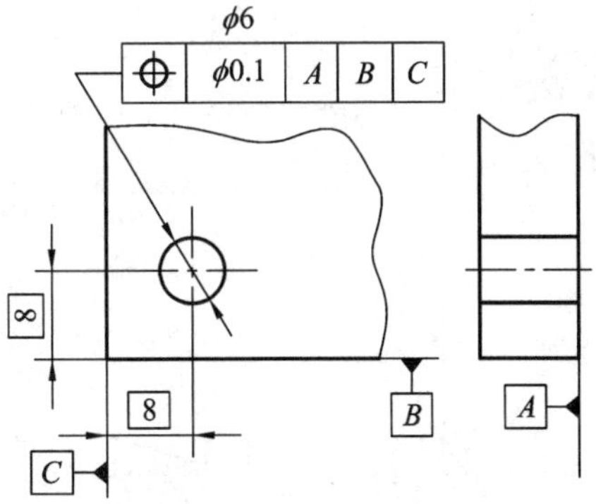

二、方向公差

方向公差是指关联实际要素相对基准在方向上允许的变动全量。方向公差带的方向是固定的，方向由基准来确定，而其位置可以在尺寸公差带内浮动。被测要素有直线和平面，基准要素也有直线和平面，因此被测要素相对于基准要素的方向公差可以是面对基准面、面对基准线、线对基准线、线对基准面、线对基准体系。

　　方向公差的公差带在控制被测要素方向相对于基准方向误差的同时，能自然地控制被测要素的形状误差，因此，对于同一被测要素，如果给出方向公差，不再对该要素提出形状公差要求。除非形状精度有更高的要求，可以给出方向公差的同时，再给出形状公差，但形状公差值一定小于方向公差值。方向公差的定义和标注示例见表3.7。

表3.7　方　向　公　差

公差项目	作用	公差带图	公差带说明	公差项目标注示例
平行度: 控制被测要素相对于基准要素成0°角 平行度公差	面对基准面	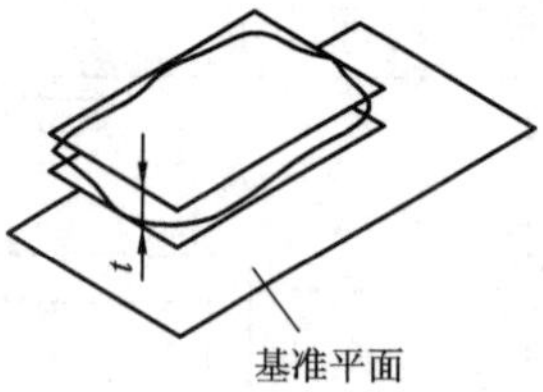	间距等于公差值 t、平行于基准平面的两平行平面所限定的区域	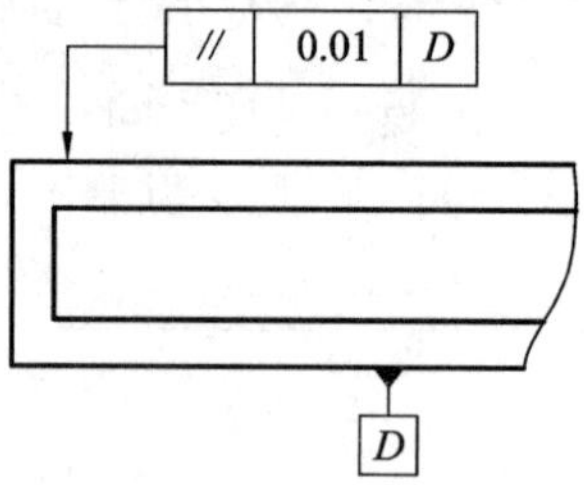 上平面相对于下平面的平行度公差为0.01 mm。 提取(实际)表面应限定在间距等于0.01 mm、平行于基准平面 D 的两平行平面之间
	面对基准线	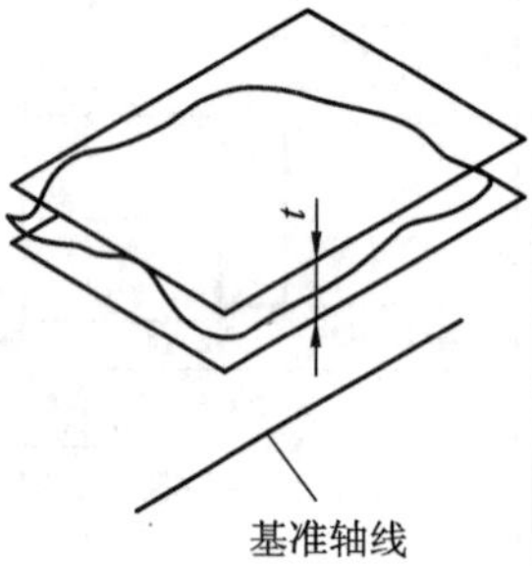	间距等于公差值 t、平行于基准轴线的两平行平面所限定的区域	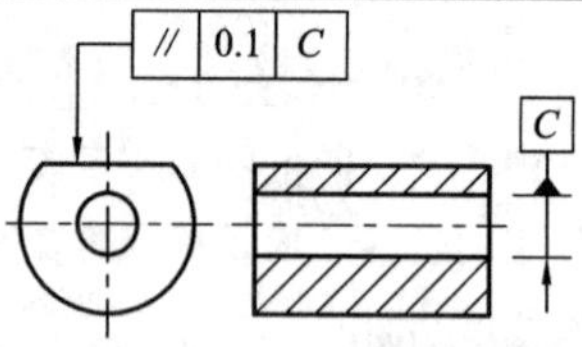 上平面相对于孔轴线的平行度公差为0.1 mm。 提取(实际)表面应限定在间距等于0.1 mm、平行于基准轴线 C 的两平行平面之间
	线对基准面	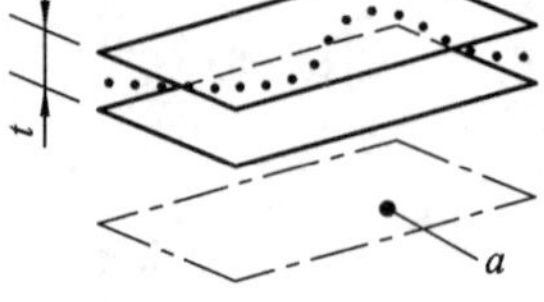	平行于基准平面、间距等于公差值 t 的两平行平面所限定的区域	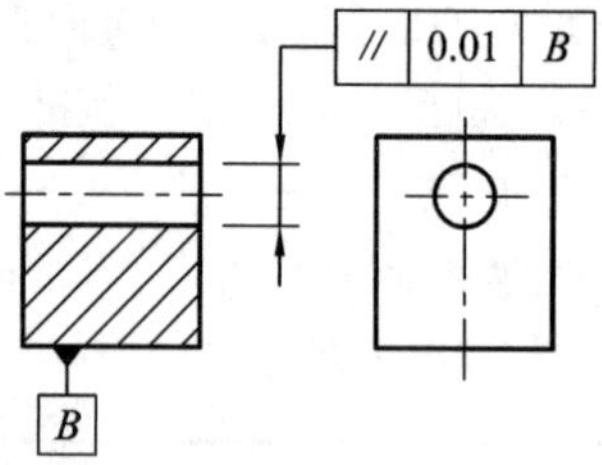 孔的轴线相对于下平面的平行度公差为0.01 mm。 提取(实际)中心线应限定在平行于基准平面 B、间距等于0.01 mm的两平行平面之间

续表一

公差项目	作用	公差带图	公差带说明	公差项目标注示例
平行度: 控制被测要素相对于基准要素成 0°角	线对基准线	ϕt 基准轴线	平行于基准轴线、直径等于公差值 ϕt 的圆柱面所限定的区域	// $\phi 0.03$ A 小孔的轴线相对于大孔的轴线的平行度公差为 $\phi 0.03$ mm。 提取(实际)中心线应限定在平行于基准轴线 A、直径等于公差值 $\phi 0.03$ mm 的圆柱面内
垂直度: 控制被测要素相对于基准要素成 90°角	面对基准面垂直	t 基准平面	间距等于公差值 t、垂直于基准平面的两平行平面所限定的区域	⊥ 0.08 A A 右平面相对于下平面的垂直度公差为 0.08 mm。 提取(实际)表面应限定在间距等于 0.08 mm、垂直于基准平面 A 的两平行平面之间
垂直度公差	面对基准线垂直	t 基准轴线	间距等于公差值 t 且垂直于基准轴线的两平行平面所限定的区域	A ⊥ 0.08 A 右端面相对于小圆柱轴线的垂直度公差为 0.08 mm。 提取(实际)表面应限定在间距等于 0.08 mm 的两平行平面之间。这两平行平面垂直于基准轴线 A
	线对基准面垂直	任意方向 ϕt 基准平面	直径等于公差值 ϕt、轴线垂直于基准平面的圆柱面所限定的区域	// $\phi 0.01$ A A 小圆柱的轴线相对于下平面的垂直度公差为 $\phi 0.01$ mm。 圆柱面的提取(实际)中心线应限定在直径等于 $\phi 0.01$ mm、垂直于基准平面 A 的圆柱面内

公差项目	作用	公差带图	公差带说明	公差项目标注示例
倾斜度	面对基准面		间距等于公差值 t 的两平行平面所限定的区域。这两平行平面按给定角度倾斜于基准平面	提取(实际)表面应限定在间距等于 0.08 mm 的两平行平面之间。这两平行平面按理论正确角度 40° 倾斜于基准平面 A
	线对基准面		间距等于公差值 t 的两平行平面所限定的区域。这两平行平面按给定角度倾斜于基准平面	提取(实际)中心线应限定在间距等于 0.08 mm 的两平行平面之间。该两平行平面按理论正确角度 60° 倾斜于基准平面 A
	线对基准线		间距等于公差值 t 的两平行平面所限定的区域。这两平行平面按给定角度倾斜于基准轴线	提取(实际)中心线应限定在间距等于 0.08 mm 的两平行平面之间。这两平行平面按理论正确角度 60° 倾斜于基准轴线 A—B

三、位置公差

位置公差有同轴度、对称度、位置度、线轮廓度和面轮廓度五个项目。位置公差是限制关联被测要素相对其有确定位置的理想要素允许的变动量。相对于基准有位置要求,方向要求包含在位置要求之中,位置公差能综合控制被测要素的方向、位置和形状误差;当对被测要素给出定位公差后,通常不再给出方向和形状公差;如果在功能上对方向和位置有进一步要求,则可同时给出方向或形状公差,此时,方向或形状公差的数值一定比位置公差的数值小。位置公差的定义和标注示例见表3.8。

表 3.8　位　置　公　差

公差项目	作用	公差带图	公差带说明	公差项目标注示例
同轴度 同轴度公差	控制被测轴线与基准轴线同轴		公差值前标注符号ϕ，公差带为直径等于公差值ϕt的圆柱面所限定的区域，该圆柱面的轴线与基准轴线重合	 大圆柱相对于小圆柱的同轴度公差为ϕt。 大圆柱面的提取(实际)中心线应限定在直径等于$\phi 0.1$ mm、以基准轴线 A 为轴线的圆柱面内 大圆柱相对于两个小圆柱的公共轴线的同轴度公差为$\phi 0.08$ mm。 大圆柱面的提取(实际)中心线应限定在直径等于$\phi 0.08$ mm、以公共基准轴线 $A—B$ 为轴线的圆柱面内
对称度 对称度公差			公差带为间距等于公差值 t、对称于基准中心平面的两平行平面所限定的区域	 槽的中心平面相对于工件上、下平面的中心平面的对称度公差为 0.08 mm。 提取(实际)中心面应限定在间距等于 0.08 mm、对称于基准中心平面 A 的两平行平面之间

公差项目	作用	公差带图	公差带说明	公差项目标注示例
对称度				 键槽的中心平面相对于指定左、右两中心平面的公共中心平面的对称度公差为 0.08 mm。 提取(实际)中心面应限定在间距等于 0.08 mm、对称于公共基准中心平面 A—B 的两平行平面之间
位置度 位置度公差	被测要素(点、线、面)相对基准的位置的要求，位置度公差控制点的位置度误差			 提取(实际)中心线应限定在直径为 φ0.1 mm 的圆柱面内。该圆柱面的轴线的位置应处于由基准平面 C、A、B 和理论正确尺寸 8、8 确定的理论正确位置上 各提取(实际)中心线应各自限定在直径为 φ0.1 mm 的圆柱面内。该圆柱面的轴线应处于由基准平面 C、B、A 和理论尺寸 20、15、30 确定的各孔轴线的理论正确位置上

续表二

公差项目	作用	公差带图	公差带说明	公差项目标注示例
位置度				8×3.5±0.05 各提取(实际)中心面应限定在间距等于 0.05 mm 的两平行平面之间。这两平行平面对称于由基准轴线 A 和理论正确角度 45° 确定的各被测面的理论正确位置上

四、跳动公差

跳动公差是针对特定的测量方法定义的几何公差项目。圆跳动公差是指实际要素在某种测量截面内相对于基准轴线的最大允许变动量。根据测量截面的不同，圆跳动分为径向圆跳动、轴向圆跳动和斜向圆跳动。径向圆跳动的测量截面为垂直于轴线的正截面，轴向圆跳动的测量截面为与基准同轴的圆柱面，斜向圆跳动的测量截面为素线与被测锥面的素线垂直或成一指定角度、轴线与基准轴线重合的圆锥面。

全跳动公差是指整个实际表面相对于基准轴线的最大允许变动量。全跳动常用的为径向全跳动、轴向全跳动。跳动公差的定义和标注示例见表 3.9。

表 3.9　跳 动 公 差

公差项目		公差带图	公差带说明	公差项目标注示例
圆跳动	径向圆跳动公差:圆柱回转体任一横截面上的跳动量 径向圆跳动	基准轴线 测量平面	公差带为在任一垂直于基准轴线的横截面内、半径差等于公差值 t、圆心在基准轴线上的两同心圆所限定的区域	0.1　A—B A　B 大圆柱相对于两个小圆柱组成的公共轴线的径向圆跳动公差为 0.1 mm。 在任一垂直于公共基准轴线 A—B 的横截面内，提取(实际)圆轮廓应限定在半径差为 0.1 mm、圆心在基准轴线 A—B 上的两同心圆之间

公差项目		公差带图	公差带说明	公差项目标注示例
圆跳动	轴向圆跳动公差：端面任一直径处，在轴向方向的跳动量 轴向圆跳动		公差带为与基准轴线同轴的任一半径的圆柱截面上、间距等于公差值 t 的两圆所限定的圆柱面区域	 大圆柱的右端面相对于小圆柱轴线的轴向圆跳动公差为 0.1 mm。 在与基准轴线 D 同轴的任一圆柱形截面上，提取(实际)圆轮廓应限定在轴向距离为 0.1 m 的两个等圆之间
	斜向圆跳动公差：圆锥面在法向方向的跳动量		公差带为与基准轴线同轴的某一圆锥截面上、间距等于公差值 t 的两圆所限定的圆锥面区域	 圆锥面相对于小圆柱轴线的斜向圆跳动公差为 0.1 mm。 在与基准轴线 C 同轴的任一圆锥截面上，提取(实际)线应限定在素线方向、间距为 0.1 mm 的两个不等圆之间
全跳动	径向全跳动公差		公差带为半径差等于公差值 t、与基准轴线同轴的两圆柱面所限定的区域	 大圆柱相对于两个小圆柱组成的公共轴线的径向全跳动公差为 0.1 mm。 提取(实际)表面应限定在半径差为 0.1 m、与公共基准轴线 A—B 同轴的两圆柱面之间
	轴向全跳动公差		公差带为间距等于公差值 t、垂直于基准轴线的两平行平面所限定的区域	 大圆柱的右端面相对于小圆柱轴线的轴向全跳动公差为 0.1 mm。 提取(实际)表面应限定在间距为 0.1 mm、垂直于基准轴线 D 的两平行平面之间

习　题

1. 构成零件的几何特征_____、_____、_____称为零件的几何要素。

2. 将下列要求标注在习题图 3.1 上。

(1) 要求 ϕ50h7 圆柱的轴线对 ϕ30k6 圆柱的轴线的同轴度公差为 ϕ0.025 mm。

(2) 要求 ϕ50h7 圆柱面的圆度公差为 0.025 m，ϕ50h7 圆柱面对 ϕ30k6 圆柱轴线的径向全跳动公差为 0.05 mm。

(3) 要求键槽两工作平面的中心平面对通过 ϕ30k6 轴线的中心平面的对称度公差为 0.05 mm。

(4) 要求零件的右端面对 ϕ50h7 圆柱轴线的垂直度公差为 0.025 mm。

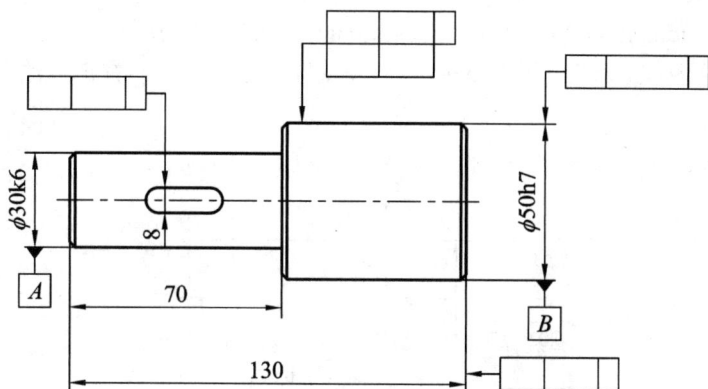

习题图 3.1

3. 解释习题图 3.2 中各项几何公差的意义，要求包括被测要素、基准要素(如果有，请说明)以及公差带的特征。

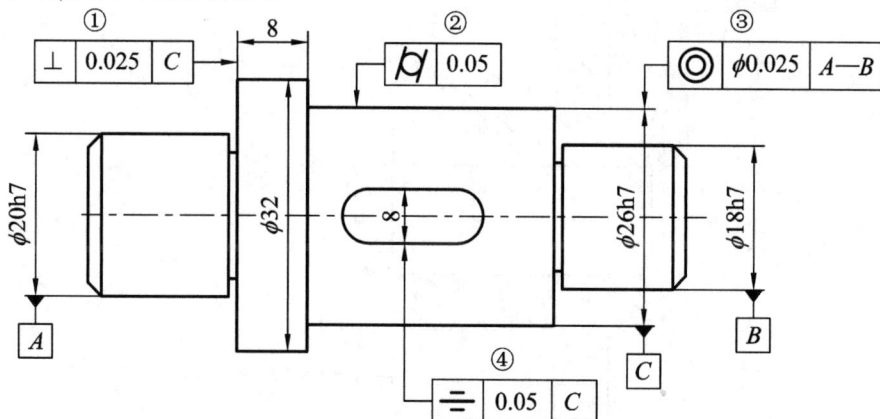

习题图 3.2

习题 3 讲解

4. 将下列几何公差要求分别标注在习题图 3.3 上。

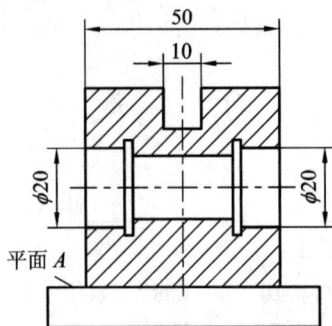

习题图 3.3

(1) 平面 A 相对于两个 $\phi20$ mm 孔的公共轴线的平行度公差为 0.015 mm。

(2) 相距 50 mm 的两平行平面的中心面相对于平面 A 的垂直度公差为 0.03 mm。

(3) 宽度为 10 mm 的槽相对于相距为 50 mm 的两平行平面中心的对称度公差为 0.04 mm。

(4) 平面 A 的平面度公差为 0.01 mm。

(5) 右侧 $\phi20$ mm 孔的轴线相对于左侧 $\phi20$ mm 孔的轴线的同轴度公差为 $\phi0.02$ mm。

5. 指出习题图 3.4 和习题图 3.5 中几何公差标注上的错误，并加以改正，不更改几何公差项目。

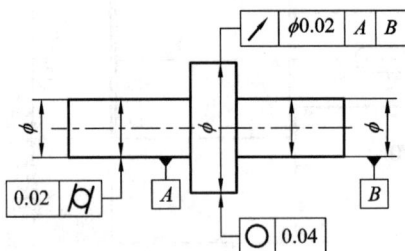

习题图 3.4

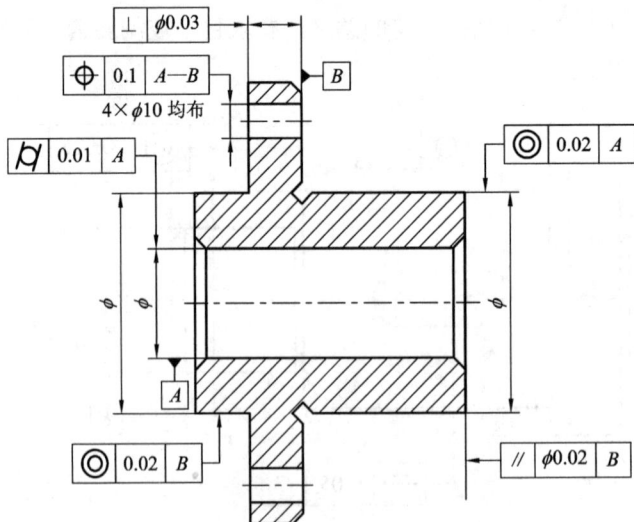

习题图 3.5

第4章 表 面 结 构

4.1 概　述

与表面结构相关的国家标准有 GB/T 1031—2009《产品几何技术规范(GPS) 表面结构 轮廓阀 表面粗糙度参数及其数值》、GB/T 3505—2009《产品几何技术规范(GPS) 表面结构 轮廓法 术语、定义及表面结构参数》以及 GB/T 131—2006《产品几何技术规范(GPS) 技 术产品文件中表面结构的表示法》。

零件的表面一般是通过去除材料或成形加工 (不去除材料)形成的，为使零件满足功能要求，对 其表面轮廓不仅要控制尺寸、形状和位置，还应控 制表面缺陷、表面粗糙度。

零件的实际表面是按所定特征加工而形成的， 如图 4.1 所示。零件表现出的实际轮廓是由粗糙度 轮廓(R 轮廓)、波纹度轮廓(W 轮廓)和原始轮廓(P 轮廓)构成的。各种轮廓所具有的特性都与零件的表 面功能密切相关。因此，国家标准 GB/T 3505—2009 中规定：零件的表面结构是指表面粗糙度、表面波 纹度和表面原始轮廓的总称，其特性也是表面粗糙

图 4.1　零件的表面结构

度、表面波纹度和表面原始轮廓的总称，三者通常可按波距 λ(相邻两个波峰之间的距离， 即波形起伏间距)来区分，波距小于 1 mm 的属于表面粗糙度，在 1~10 mm 的属于表面波 纹度，波距大于 10 mm 的属于几何形状误差。

零件表面经过加工后，看起来很光滑，经放大观察却凹凸不平，如图 4.1 所示，这是 因为零件在加工过程中，由于不同的加工方法、机床与工具的精度、刀具或砂轮切削后遗 留的刀痕、切屑分离时的材料的塑性变形，以及机床的震动等原因使被加工零件表面产生 了微小的峰和谷。这种加工后的零件表面上具有的较小间距及微小峰和谷所组成的微观几 何形状特征称为表面粗糙度，也称为微观不平度。它属微观几何形状误差。

由于加工方法和零件材料的不同，零件加工表面留下痕迹的深浅、疏密、形状和纹理 都有差别。表面粗糙度与零件的配合性、耐磨性、抗疲劳强度、接触刚度以及震动等都有 密切关系，对机械产品的使用寿命和工作的可靠性有着重要的影响。因此，零件的用途不 同，所需表面结构的表面粗糙度数值也不一样。

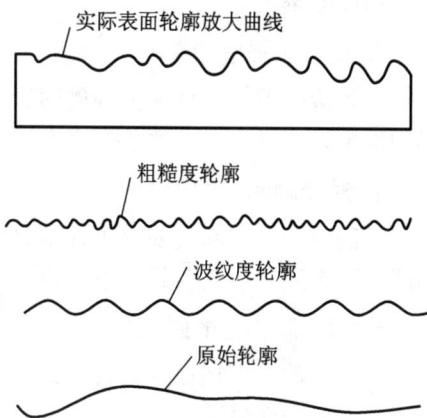

一、表面粗糙度对零件使用性能的影响

1. 对配合性的影响

表面粗糙度影响配合的稳定性。对于间隙配合，由于初期磨损，峰顶会很快磨去，使间隙加大；对于过盈配合，装配压合时，也会挤平波峰，减少实际有效过盈，尤其对小尺寸配合影响更为显著。因此，配合的稳定性要求高的结合面、配合间隙小的表面，要求连接牢固可靠，承受载荷大的静配合的表面粗糙度值要低，同一公差等级的小尺寸比大尺寸(特别是1~3级公差等级)的值要小，同一公差等级的轴比孔的值要小，而且配合性质相同，零件尺寸愈小，其表面粗糙度值愈小。

2. 对耐磨性的影响

表面粗糙度要求越低，零件的耐磨性越差。加工后的零件表面，由于存在峰谷，所以接触表面只是一些峰顶接触，从而减小了接触面积，比压增大，磨损加剧。因此，摩擦表面比非摩擦表面、滚动摩擦表面比滑动摩擦表面的运动速度高，单位压力大的摩擦表面的表面粗糙度值要小。

3. 对疲劳强度的影响

一般情况下，零件疲劳强度随表面粗糙度要求的降低而降低。表面上凹痕产生的应力集中现象越严重，当零件承受交变载荷时，越容易引起疲劳断裂。

4. 对接触刚度的影响

较高的表面粗糙度要求可保证良好的接触刚度，钢件表面的冲击强度随表面粗糙度值的降低而提高，在低温状态下尤为明显。

5. 对耐腐蚀性的影响

提高零件表面粗糙度的要求，可以增强抗腐蚀能力，因为它的凹谷处容易积聚腐蚀性物质，造成表面锈蚀。

6. 对冲击强度的影响

冲击强度因表面粗糙度要求的降低而减小。

7. 对密封性的影响

无相对滑动的静密封表面，微观不平度谷底过深，受预压后的密封材料不能完全填满，而留有缝隙，易造成泄漏；表面愈粗糙，泄漏愈严重。而有相对滑动的动密封表面，由于相对运动，其微观不平度一般为 4~5 μm，用于储存润滑油较为有利；如表面太光滑，不仅不利于储存润滑油，反而会引起摩擦磨损。此外，密封性的好坏也和加工的纹理方向有关。

二、表面粗糙度的常见术语

1. 轮廓滤波器

轮廓滤波器是把表面轮廓分成长波和短波的滤波器。λ_s 滤波器是确定存在于表面上的

粗糙度与比它更短的波的成分之间相交界限的滤波器，λ_f 滤波器是确定存在于表面上的波纹度与比它更长的波的成分之间相交界面的滤波器，λ_c 滤波器是确定表面粗糙度与表面波纹度成分之间相交界限的滤波器，它除去某些波长成分而保留所需表面成分。当测量信号通过 λ_c 轮廓滤波器后将抑制波纹度的影响，如图 4.2 所示。

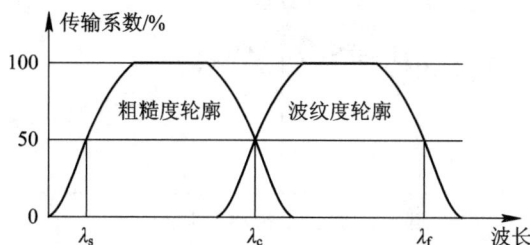

图 4.2　表面粗糙度和波纹度轮廓的传输特性

2. 粗糙度轮廓

粗糙度轮廓是对原始轮廓采用 λ_c 滤波器抑制长波以后形成的轮廓，它是评定表面粗糙度轮廓参数的基础。

3. 取样长度 l_r

取样长度 l_r 是在 x 轴长度上用于判别被评定轮廓不规则特征的一段基准线长度。规定取样长度的目的在于限制和减弱其他的形状误差，特别是减少表面波纹度轮廓对测量结果的影响。取样长度 l_r 在数值上与轮廓滤波器 λ_c 的标志波长相等，取样长度过短不能反映粗糙度的实际情况，过长会把波纹度的成分也包括进去。取样长度的大小应该与表面的粗糙程度有关，表面越粗糙，波距越大，取样长度也应越大。

4. 评定长度 l_n

评定长度 l_n 是评定表面粗糙度所需的 x 轴方向上的一段长度。规定评定长度是为了克服加工表面的不均匀性，较客观地反映表面粗糙度的真实情况。一个取样长度往往不能合理地反映表面的粗糙度特征，故应在其连续几个取样长度内分别测量，取其平均值作为测量结果。评定长度可包含一个或几个取样长度，一般取评定长度 $l_n = 5l_r$，如图 4.3 所示。

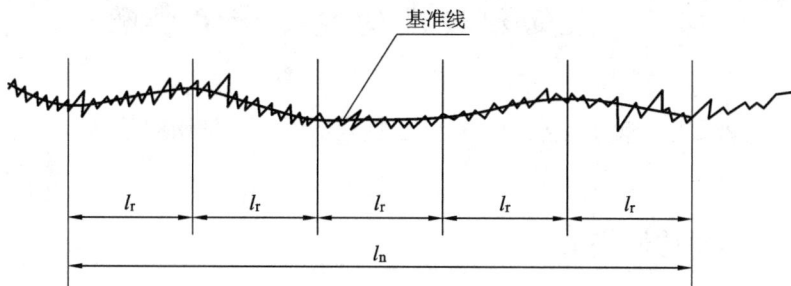

图 4.3　取样长度和评定长度

5. 最小二乘法中线

最小二乘法中线是具有几何轮廓形状，并划分轮廓的基础线。用一条水平直线，穿过原始轮廓，按最小二乘法拟合所确定的中线，在取样长度内，使原始轮廓线上各点至该线的距离(用 Z_i 表示)的平方和最小，即 $\sum_{i=1}^{n} Z_i^2 = \min$。图 4.4 是用轮廓滤波器 λ_c 抑制的与长波轮廓成分相对应的中线，称为粗糙度轮廓中线。中线是为了定量地评定粗糙度轮廓而确定的一条基准线。

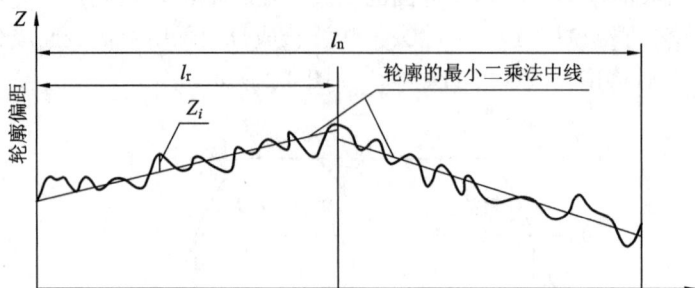

图 4.4　轮廓的最小二乘法中线

6. 算术平均法中线

算术平均法中线将轮廓划分成两部分，使上、下两部分的面积相等，如图 4.5 中所示为轮廓的算术平均法中线，F_1，F_2，F_3，$\cdots$，F_n 代表中线上半部分的面积，F'_1，F'_2，F'_3，$\cdots$，F'_n 代表中线下半部分的面积，使 $F_1+F_2+F_3+\cdots+F_n=F'_1+F'_2+F'_3+\cdots+F'_n$。

用最小二乘法确定的中线是唯一的，但计算比较复杂，在实际应用中用算术平均法确定中线比较常见，它是一种近似的图解法，比较简便，因此得到广泛的应用。

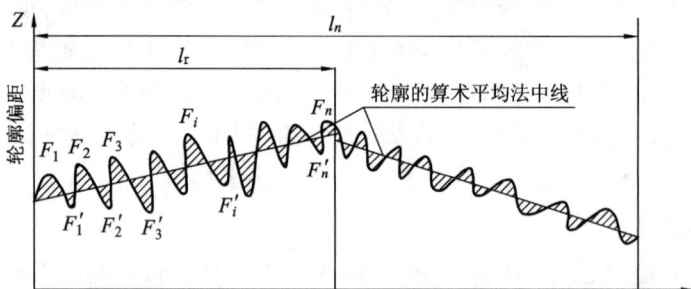

图 4.5　轮廓的算术平均法中线

4.2　表面粗糙度的主要评定参数

表面结构的表面粗糙度的主要评定参数包括轮廓的算术平均偏差 Ra 和轮廓的最大高度 Rz 两项。

一、轮廓的算术平均偏差 Ra

轮廓的算术平均偏差 Ra 表示在一个取样长度 l_r 内纵坐标值 $Z(x)$ 绝对值的算术平均值，如图 4.6 所示，其中，Z_i 表示波形上第 i 个点到中线的距离，Z_n 表示波形上第 n 个点到中线的距离。Ra 能充分反映表面微观几何形状高度方面的特性，Ra 值越大，表面越粗糙，Ra 是普遍采用的参数。

$$Ra = \frac{1}{l}\int_0^l |Z(x)|\,\mathrm{d}x$$

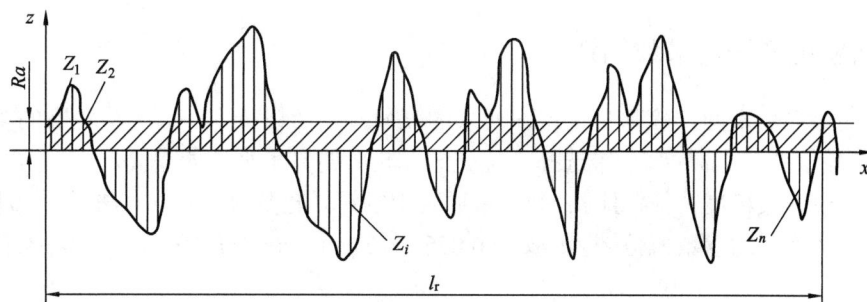

图 4.6 轮廓的算术平均偏差

GB/T 1031—2009 规定的轮廓算术平均偏差 Ra 的常见数值如表 4.1 所示。

表 4.1 轮廓算术平均偏差 Ra 的常见数值

	0.012	0.2	3.2	50
Ra	0.025	0.4	6.3	100
	0.05	0.8	12.5	
	0.1	1.6	25	

二、轮廓的最大高度 *Rz*

轮廓的最大高度 Rz 对某些表面上不允许出现较深的加工痕迹和小零件的表面质量有实用意义,它只能反映表面轮廓的最大高度,不能反映微观几何形状特征,如图 4.7 所示。

$$Rz = Z_p + Z_v$$

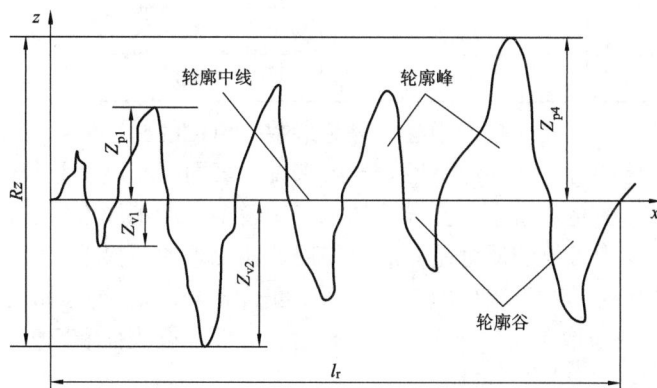

图 4.7 轮廓的最大高度

在一个取样长度内,最大轮廓峰高 Z_p 和最大轮廓谷深 Z_v 之和用 Rz 表示,即轮廓最大高度的数值,单位为 μm。

GB/T 1031—2009 规定的轮廓最大高度 Rz 的常见数值如表 4.2 所示。

表 4.2 轮廓最大高度 *Rz* 的常见数值

	0.0025	0.4	6.3	100	1600
Rz	0.05	0.8	12.5	200	
	0.1	1.6	25	400	
	0.2	3.2	50	800	

三、表面粗糙度评定参数的选择

零件的大多数表面一般都是无特殊要求的表面，表面粗糙度参数应从轮廓的算术平均偏差 Ra 和轮廓的最大高度 Rz 中选择，优先选择轮廓的算术平均偏差 Ra，因为 Ra 能比较客观地反映表面粗糙度特征，且 Ra 的测量通常用触针式轮廓仪，测量方法简单，测量效率高。因此，在常用的参数值范围内(Ra 为 0.025～6.3 μm，Rz 为 0.10～25 μm)，推荐优先选用 Ra。

Rz 仅仅能反映峰顶和峰谷两个点，反映出的信息不如 Ra 全面，而且通常会用双管显微镜和干涉显微镜测量，测量效率低，因此该参数不常用。但是特殊情况下，也会使用 Rz 作为评定参数，主要是因为触针式轮廓仪功能有限，不适合对太粗糙或太光滑的表面进行测量；另外，对于测量部位小、峰谷少或有疲劳强度要求的零件表面，选用 Rz 会更加可靠。

常用的取样长度和评定长度与粗糙度评定参数数值的关系如表 4.3 所示。

表 4.3　取样长度和评定长度与粗糙度评定参数数值的关系

参数及数值/μm		l_r/mm	l_n ($l_n = 5l_r$) / mm
Ra	Rz		
≥0.008～0.02	>0.025～0.10	0.08	0.4
>0.02～0.1	>0.10～0.50	0.25	1.25
>0.1～2.0	>0.50～10.0	0.8	4.0
>2.0～10.0	>10.0～50.0	2.5	12.5
>10.0～80.0	>50.0～320	8.0	40.0

表面粗糙度是一项重要的技术指标，评定参数数值已经标准化，选取时应综合考虑零件的功能要求和工艺的可行性和经济性。一般来说，表面粗糙度参数数值选择得越小，零件的使用性能越好，但是数值小，会导致加工工序增多，加工成本增加，不满足经济性的要求。因此，选择参数数值的原则是在满足使用性能要求的前提下，应尽可能选用较大的参数数值。具体选用时，对于零件的工作表面、配合表面、要求密封的表面和精度要求高的加工表面等，Ra 值应取小一些；对于非工作表面、非配合表面和精度要求低的加工表面等，Ra 值应取大一些。

在实际工作中，由于表面粗糙度和零件的功能关系非常复杂，根据零件表面的功能要求很难准确地选取粗糙度的参数数值，因此通常采用类比法，参照一些已经验证的实例进行确定。在选择时，一般应考虑以下几点：

(1) 一般情况下，同一零件上，工作平面的表面粗糙度数值应比非工作平面的表面粗糙度数值小。

(2) 摩擦表面应比非摩擦表面的表面粗糙度数值小，滚动摩擦表面应比滑动摩擦表面的表面粗糙度数值小，运动速度高、承受高压以及承受交变载荷的工作面其表面粗糙度数值应小一些。

(3) 配合性能要求稳定的表面粗糙度数值应小一些，配合性质相同的零件尺寸越小，其表面粗糙度数值应越小；同一公差等级的小尺寸比大尺寸的表面粗糙度数值小；同一公差等级的轴比孔的表面粗糙度数值小。

(4) 表面粗糙度的数值应与几何公差、尺寸公差协调一致，对于尺寸精度和形状精度要求高的表面，其表面粗糙度数值应小一些。

(5) 凡有关标准已对表面粗糙度要求作出了规定的(如与滚动轴承配合的轴颈和外壳孔的表面等)，则应按该标准确定表面粗糙度数值。

(6) 对腐蚀性和密封性要求比较高的表面，其表面粗糙度数值应小一些。

表 4.4 列出了表面粗糙度的表面特征、加工方法和应用举例，表 4.5～表 4.7 列出了轴和孔的表面粗糙度参数推荐值。

表 4.4 表面粗糙度的表面特征、加工方法及应用举例

表面微观特征		$Ra/\mu m$	$Rz/\mu m$	加工方法	应用举例
粗糙表面	可见刀痕	≤20	≤80	粗车、粗刨、粗铣、钻、毛锉、锯	半成品粗加工的表面，非配合的加工表面，如轴的端面、倒角、钻孔等
半光滑表面	微见刀痕	≤10	≤40	车、铣、刨、镗、钻、粗铰	轴上不安装轴承、齿轮处的非配合面，紧固件的自由装配面，轴和孔的退刀槽
	微见刀痕	≤5	≤20	车、铣、刨、镗、磨、拉、粗刮、液压	半精加工的表面，箱体、支架、端盖、套筒等其他零件结合而无配合要求的表面等
	微见刀痕	≤2.5	≤10	车、铣、刨、镗、磨、拉、刮、液压、铣齿	接近于精加工的表面，箱体上安装轴承的镗孔表面，齿轮的工作面
光滑表面	可辨加工痕迹方向	≤1.25	≤6.3	车、镗、磨、拉、刮、精铰、磨齿、滚压	圆柱销、圆锥销、与滚动轴承配合的表面，普通车床导轨面，内、外花键的定心表面
	微辨加工痕迹方向	≤0.63	≤3.2	精铰、精镗、磨、刮、滚压	要求配合性质稳定的表面，工作时受交变应力的重要零件的表面，较高精度车床的导轨面
	不可辨加工痕迹方向	≤0.32	≤1.6	精磨、珩磨、研磨、超精加工	精密机床主轴锥孔，顶尖圆锥面，打洞机曲轴、凸轮轴工作表面，高精度齿轮的齿面
极光滑表面	暗光泽面	≤0.16	≤0.8	精磨、研磨、普通抛光	精密机床主轴轴径表面，一般量具的工作表面，气缸套内表面，活塞销表面
	亮光泽面	≤0.08	≤0.4	超精磨、精抛光、镜面磨削	精密机床主轴轴径表面，滚动轴承的滚珠、高压油泵中柱塞和柱塞套配合的表面
	镜状光泽面	≤0.04	≤0.2		
	镜面	≤0.01	≤0.05	镜面磨削、超精研	高精度量仪、量块的工作表面，光学仪器中的金属镜面

表4.5　孔和轴的表面粗糙度参数推荐值(一)

表面特征			$Ra/\mu m$	
			公称尺寸/mm	
	公差等级	表面	≤50	>50～500
轻度装卸零件的配合表面,如交换齿轮、滚刀等	5	轴	0.2	0.4
		孔	0.4	0.8
	6	轴	0.4	0.8
		孔	0.4～0.8	0.8～1.6
	7	轴	0.4～0.8	0.8～1.6
		孔	0.8	1.6
	8	轴	0.8	1.6
		孔	0.8～1.6	1.6～3.2

表4.6　孔和轴的表面粗糙度参数推荐值(二)

表面特征			$Ra/\mu m$		
			公称尺寸/mm		
	公差等级	表面	≤50	>50～120	>120～500
过盈配合的配合表面 ① 装配按机械压入法 ② 装配按热处理法	5	轴	0.1～0.2	0.4	0.4
		孔	0.2～0.4	0.8	0.8
	6、7	轴	0.4	0.8	1.6
		孔	0.8	1.6	1.6
	8	轴	0.8	0.8～1.6	1.6～3.2
		孔	1.6	1.6～3.2	1.6～3.2
	—	轴	1.6		
		孔	1.6～3.2		

表4.7　孔和轴的表面粗糙度参数推荐值(三)

表面特征		$Ra/\mu m$					
精密定心用配合的零件表面	表面	径向跳动公差/μm					
		2.5	4	6	10	16	25
		$Ra/\mu m$ 不大于					
	轴	0.05	0.1	0.1	0.2	0.4	0.8
	孔	0.1	0.2	0.2	0.4	0.8	1.6
滚动轴承的配合表面	表面	公差等级				液体湿摩擦条件	
		6～9		10～12			
		$Ra/\mu m$ 不大于					
	轴	0.4～0.8		0.8～3.2		0.1～0.4	
	孔	0.8～1.6		1.6～3.2		0.1～0.8	

4.3 表面结构的图样表示法

一、基本符号

GB/T 131—2006 标准对表面结构中的粗糙度符号、代号及标注都做了规定，表 4.8 列出常用的基本符号及含义。

表 4.8 表面粗糙度的基本符号及含义 (mm)

符号名称	符 号			含 义
基本图形符号	H_1 H_2 60° 60°			未指定工艺方法的表面，仅用于简化代号标注，如果与补充要求一起使用，则不需说明应去除材料或不去除材料
字高 h	3.5	5	7	
符号线宽 d'	0.5	0.7	1	
高度 H_1	5	7	10	
高度 H_2(最小值)	10.5	15	21	

二、符号的含义

表面结构的基本图形符号、扩展图形符号和完整图形符号及含义如表 4.9 所示。

表 4.9 表面结构符号及含义

符 号	含 义
✓	基本图形符号，表示表面可用任何方法获得。当不加注粗糙度参数值或有关的说明(例如表面处理、局部热处理状况等)时，仅适用于简化代号标注
✓	扩展图形符号，指定表面是用去除材料的方法获得，如车、铣、钻、磨、抛光、腐蚀、电火花加工、气割等
✓	扩展图形符号，指定表面是用不去除材料的方法获得，如铸造、锻造、冲压、轧制、粉末冶金等；也可用于表示保持上道工序形成的表面，而不管这种状态是通过去除材料或不去除材料形成的
✓ ✓ ✓	完整图形符号，在上述三种符号的长边上均可加一横线，用于标注有关参数和说明
✓ ✓ ✓	当在图样的某个视图上构成封闭轮廓的各表面有相同的表面结构要求时，在上述三种符号上均可加一个小圆圈，标注在图样中零件的封闭轮廓线上；但是如果标注会引起歧义，各表面还应分别标注

为了明确表面结构要求，除了标注结构参数和数值外，必要时应标注补充要求。补充要求包括传输带、取样长度、加工工艺、表面纹理及方向、加工余量等，其标注参数和示例如表 4.10、表 4.11 所示。

表 4.10　表面结构完整的图形符号

表面结构标注

	(图形符号: c/a 在上，e d b 在下)	
位置 a：传输带或取样长度值/表面结构参数代号	国家标准 GB/T 18778.1—2002 规定，默认传输带的定义是截止波长值 λ_c = 0.8 mm(长波滤波器)和 λ_s = 0.0025 mm(短波滤波器)。短波滤波器可以省略不标注。长波滤波器的截止长度值 λ_c 也是取样长度值	-0.8/*Ra* 3.2 表示取样长度为 0.8 mm。传输带标注在表面粗糙度参数代号的前面，中间用斜线"/"隔开
	默认传输带可以不标注	√ *Ra* 3.2 表示默认传输带，表面粗糙度轮廓的算术平均偏差 *Ra* 为 3.2 μm
	传输带的标注包括滤波器截止波长(mm)，短波滤波器 λ_s 在前、长波滤波器 λ_c 在后，并用"-"隔开。短波滤波器可以省略不标注	√ 0.008-0.8/*Ra* 3.2 表示传输带为 0.008～0.8 mm，短波滤波器波长值 λ_s 为 0.008 mm，长波滤波器波长值 λ_c 为 0.8 mm，表面粗糙度轮廓的算术平均偏差 *Ra* 为 3.2 μm
位置 a：评定长度	当评定长度为默认值(5 个取样长度)时，不需要标注。否则，应该在参数代号后、数值前标注其取样长度的个数	√ *Ra* 3.2 表示评定长度为 5 个取样长度。注意参数代号和数值之间插入空格 √ *Ra*3 3.2 表示评定长度为 3 个取样长度。注意取样长度个数和极限值之间应插入空格
位置 a：极限判断规则	GB/T 10610—2009 中规定，采用最大规则，即检验时，若参数的规定值为最大值，则在被检表面的全部区域内测得的参数值一个也不应超过图样的规定值。 应在参数代号之后标注"max"	√ *Ra* max 3.2 表示采用最大规则，*Ra* 的上限值为 3.2 μm

位置 a：极限判断规则	GB/T 10610—2009 中规定的默认规则为 16% 规则，即当被检表面测得的全部参数中超过规定的极限值的个数不多于总个数的 16% 时，该表面是合格的。 16% 规则不作标记	$\sqrt{\quad}$ Ra 3.2 表示采用 16% 规则
	当在完整符号中表示表面结构参数的双向极限时，应标注极限代号。上极限值注写在上方，用"U"表示；下极限值注写在下方，用"L"表示	$\sqrt{\quad}$ U Ra max 3.2　L Ra 0.8 表示双向极限值，两极限值均使用默认传输带。表面粗糙度轮廓的算术平均偏差 Ra 的上极限值为 3.2 μm，评定长度为默认的 5 个取样长度，采用最大规则；下极限值为 0.8 μm，评定长度为 5 个取样长度，采用默认的 16% 规则
位置 b：注写两个或多个表面结构要求时会在该位置标注	当标注多个表面结构要求时，图形符号应在垂直方向上扩大，以有足够的空间进行标注	
位置 c	表示加工方法、表面处理、涂层或其他加工工艺要求等，如车、磨等加工表面	车 3$\sqrt{\quad}$ Rz 3.2
位置 d	注写表面加工纹理和方向的符号	
位置 e	注写加工余量，单位为 mm	

表 4.11　表面结构要求的标注示例

序号	代号示例	含　义
1	$\sqrt{\quad}$ Ra 3.2	表示表面去除材料，单向上极限值，默认传输带，表面粗糙度轮廓的算术平均偏差 Ra 为 3.2 μm；评定长度为默认的 5 个取样长度，采用默认的 16% 规则
2	$\overset{\circ}{\sqrt{\quad}}$ Rz 0.4	表示表面不允许去除材料，单向上极限值，默认传输带，表面粗糙度轮廓的最大高度 Rz 为 0.4 μm，评定长度为默认的 5 个取样长度，采用默认的 16% 规则
3	$\sqrt{\quad}$ Rz max 0.2	表示表面去除材料，单向上极限值，默认传输带，表面粗糙度轮廓的最大高度 Rz 为 0.2 μm，评定长度为默认的 5 个取样长度，采用最大规则
4	$\sqrt{\quad}$ 0.008-0.8/Ra 3.2	表示表面去除材料，单向上极限值，传输带为 0.008～0.8 mm，表面粗糙度轮廓的算术平均偏差 Ra 为 3.2 μm，评定长度为默认的 5 个取样长度，采用默认的 16% 规则

序号	代号示例	含　义
5	-0.8/Ra 3 6.3	表示表面去除材料，单向上极限值，表面粗糙度轮廓的算术平均偏差 Ra 为 6.3 μm，取样长度为 0.8 mm，评定长度为 3 个取样长度
6	U Ra max 3.2　L Ra 0.8	表示表面去除材料，双向极限值，两极限值均使用默认传输带。表面粗糙度轮廓的算术平均偏差 Ra 的上极限值为 3.2 μm，评定长度为默认的 5 个取样长度，采用最大规则；下极限值为 0.8 μm，评定长度为 5 个取样长度，采用默认的 16% 规则
7	Ra max 0.4　Rz max 1.6	用去除材料方法获得的表面粗糙度，表面粗糙度轮廓的算术平均偏差 Ra 的上极限值为 0.4 μm，表面粗糙度轮廓的最大高度 Rz 的上极限值为 1.6 μm，采用默认传输带，评定长度为默认的 5 个取样长度，采用最大规则

三、标注示例

表面结构在图纸上常见的标注方法如表 4.12 所示。

表 4.12　标 注 示 例

	表面结构符号的书写方向和尺寸的书写方向一致。表面结构要求可在轮廓线上直接标注，其符号的尖端应从材料外指向零件的表面，并与零件的表面接触
	也可以用带箭头或黑点的指引线引出标注，表面结构的符号标注在指引线上
	在特征尺寸的尺寸线上标注，表示了该尺寸线表示的几何要素的表面结构特征
	在几何公差的框格上标注，放置在几何公差的框格上方，表示的是被测几何要素的表面结构特征

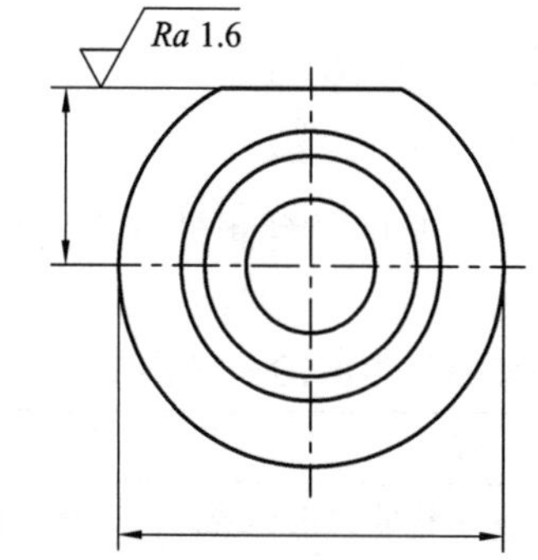	在零件几何特征的延长线或尺寸界限上标注，表示该几何要素的表面结构特征
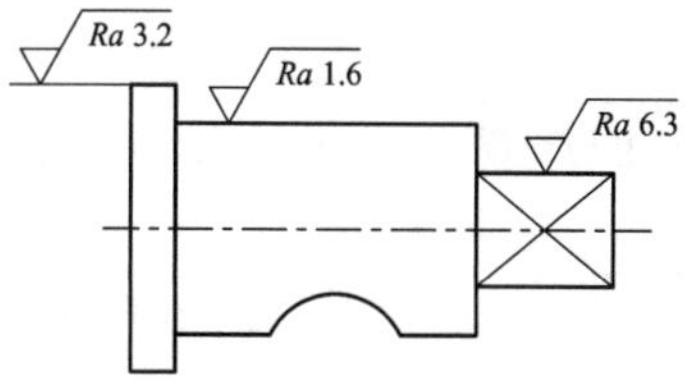	圆柱的表面结构要求只标注一次即表示整个圆柱面的表面结构特征
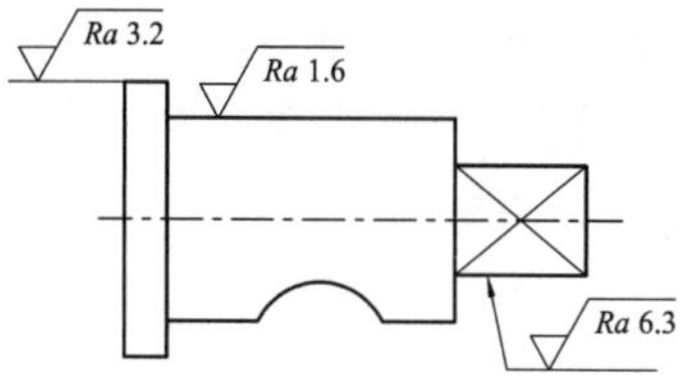	对于棱柱表面，每个棱柱表面有不同的表面要求，则应分别单独标注
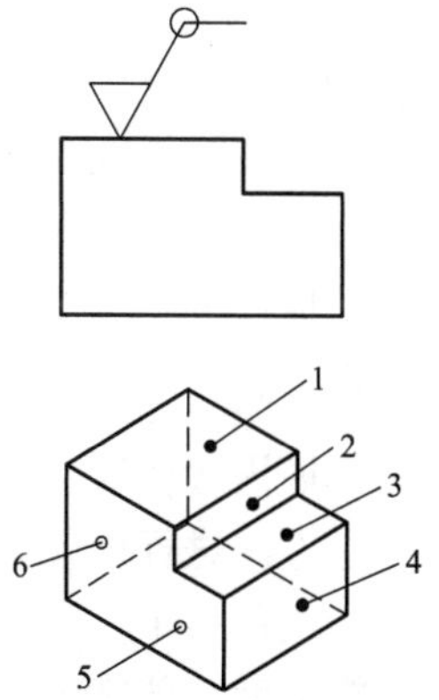	当在图样某个视图上构成封闭轮廓的各表面有相同的表面结构要求时，应在完整图形符号上加一圆圈，标注在图样中工件的封闭轮廓线上。表示表面 1～6 的要求一致
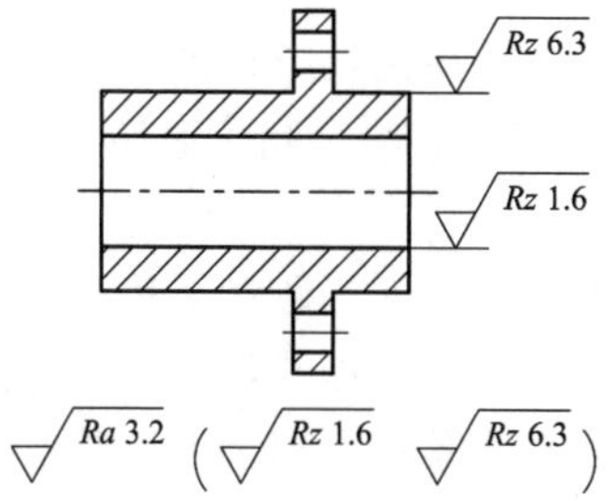	当零件的多数表面有相同的表面结构要求时，把不同的表面结构要求直接标注在图形中，而把其相同的要求统一标注在图样的下方。 例如：除了图纸上标注的表面粗糙度轮廓的最大高度 Rz 1.6 和 6.3 之外，其他表面的表面粗糙度均为算术平均偏差 Ra，数值为 3.2 μm

4.4　常用的表面粗糙度测量方法

表面粗糙度的测量方法很多，下面仅介绍机械加工中常见的几种测量方法，如表 4.13 所示。

表 4.13　表面粗糙度常见的几种测量方法(GB/T 10610—2009)

序号	方法	步　骤
1	目视法	对于那些明显没必要用更精确的方法来检验的工作表面，选择目视法检查。例如，实际表面粗糙度比规定的明显好或明显不好，或者存在明显的影响表面功能的表面缺陷
2	比较法	如果用目视法不能作出判定，可采用与粗糙度对比样块进行触觉和视觉比较的方法
3	测量法	如果用比较法检查不能作出判定，则应根据目视检查后在表面上那个最有可能出现极值的部位进行测量。 (1) 在所标出参数符号后面没有注明"max"(最大值)的要求时，若出现下述情况之一，则工作是合格的，并停止检测；否则，工件应判定不合格： ——第 1 个测得值不超过图样上规定值的 70%； ——最初的 3 个测得值不超过规定值； ——最初的 6 个测得值中共有一个值超过规定值； ——最初的 12 个测得值中只有 2 个值超过规定值。 (2) 在标出参数符号后面出现"max"(最大值)的要求时，一般在表面可能出现最大值处(如有明显可见的深槽处)至少应测量三次；如果表面呈均匀痕迹，则可在均匀分布的三个部位测量。 利用测量仪器能够获得可靠的粗糙度检验结果。因此，对于要求严格的零件，一开始就应该直接使用测量仪器进行检验

其中，比较法就是将被测零件的表面与表面粗糙度对比样块进行比较，对被测表面的粗糙度作出评定的方法，通常通过目视观察、用手触摸或其他方法进行比较。此方法因为使用方便，并且能够满足一般的生产要求，故常用于生产现场，包括车、铣、刨、磨、镗等机械加工中表面粗糙度的判定。但是，用比较法评定表面粗糙度不能精确得到被测表面的粗糙度数值。

表面粗糙度仪广泛应用于各种金属与非金属加工表面的检测，该仪器是传感器主机一体化的袖珍式仪器，可以手持，更适宜在生产现场使用。它具有测量精度高、测量范围宽、操作简便、便于携带、工作稳定等特点。

便携式表面粗糙度仪的工作原理是针描法，又称触针法，即当触针直接在工件被测表面上轻轻划过时，由于被测表面上峰、谷起伏，触针将在垂直于被测轮廓表面方向上产生上、下移动，移动量则被电子装置放大，然后通过指示表或其他输出装置以数值或图形的形式被传输出来。

便携式表面粗糙度仪由传感器、驱动器、指示表、记录器和电感传感器等组成,在传感器测杆的一端装有金刚石触针,触针曲率半径很小,测量时将触针搭在工件上,与被测表面垂直接触,利用驱动器以一定的速度拖动传感器。由于被测表面上峰、谷起伏,触针在被测表面滑行时,将产生上、下移动。此运动经支点使磁芯同步上、下运动,从而使包围在磁芯外面的两个差动电感线圈的电感量发生变化。传感器的线圈与测量线路是直接接入平衡电桥的,线圈电感量的变化使电桥失去平衡,于是就输出一个和触针上、下的位移量成正比的信号;该信号较为微弱,经电子装置放大后,就获得能表示触针位移量大小和方向的信号。此后,该信号被分成三路:一路加到指零表上,以表示触针的位置;一路输至直流功率放大器,放大后推动记录器进行记录;另一路经滤波和平均表放大器放大之后,进入积分计算器,进行积分计算,即可由指示表直接读出表面粗糙度 *Ra* 值。

习 题

1. 若指定表面是用去除材料的方法获得的,则表面粗糙度符号是_____。

2. 零件的表面结构可按波距 λ(相邻两个波峰之间的距离,即波形起伏间距)来区分,波距小于 1 mm 的属于_____,在 1~10 mm 的属于_____,波距大于 10 mm 的属于_____。

3. 工作面的表面粗糙度值应_____非工作面的表面粗糙度值,摩擦表面的表面粗糙度值应_____非摩擦表面的表面粗糙度值。

4. 在机械加工中普遍采用的评定表面粗糙度的参数是_____,符号是_____。

5. 圆柱度公差分别为 0.01 mm 和 0.02 mm 的两个 ϕ60H7 的孔,圆柱度公差为 0.01 mm 孔的表面粗糙度参数值应_____圆柱度公差为 0.02 mm 孔的表面粗糙度参数值。

6. 下列概念是否正确?

(1) 在满足表面功能要求的情况下,尽量选用较大的表面粗糙度值。　　　　(　　)

(2) 一般情况下,尺寸公差越小,表面粗糙度值越大。　　　　(　　)

(3) 配合性能要求稳定的表面粗糙度值应小一些;配合性质相同的零件尺寸越小,其表面粗糙度值应越小。　　　　(　　)

(4) 同一公差等级时,小尺寸比大尺寸表面粗糙度值小。　　　　(　　)

(5) 同一公差等级时,轴比孔的表面粗糙度值小。　　　　(　　)

7. 习题图 4.1 中,表面粗糙度的含义是_____;

习题图 4.2 中,表面粗糙度的含义是_____。

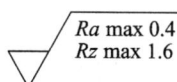

习题图 4.1　　　　　　　　　　习题图 4.2

第5章 圆锥的公差

5.1 概 述

圆锥配合是机器结构中常用的典型结构,圆锥配合较圆柱配合有其特有的优势,如表5.1所示。它具有同轴度较高、配合自锁性好、密封性好,且可以自由调整间隙和过盈的特点,因此在工业生产中得到了广泛的应用。

表 5.1 圆锥配合和圆柱配合的特点

圆 锥 配 合	圆 柱 配 合
圆锥配合的间隙或过盈可以调整。通过内外圆锥面的轴向相对移动来调整间隙或过盈,以满足不同的工作要求;能补偿磨损,延长使用寿命	圆柱配合中,相互配合的孔、轴间隙或过盈是由基本偏差和标准公差确定的,其大小不能调整
对中性好,易保证配合的同轴度要求。内、外圆锥在轴向力的作用下,能沿轴线作相对移动,从而使间隙减小,以保证内、外圆锥的轴线具有较高精度的同轴度,容易拆卸,且经多次拆装可不降低同轴度的要求	圆柱间隙配合中,孔、轴的轴线不重合,有同轴度误差
密封性好。内外圆锥的表面经过配对研磨后,配合起来具有良好的自锁性和密封性。研磨后的内、外圆锥没有互换性	相配合的孔和轴满足互换性的要求
结构复杂,影响互换性的参数比较多,加工和检测都比较困难,不适用于孔轴轴向相对位置要求较高的场合	结构简单,加工和检测相对容易,应用范围广

在圆锥配合中,影响互换性的因素很多,为了分析其互换性,首先要掌握圆锥配合的常用术语、定义和主要参数。

一、圆锥表面

圆锥表面是由一条与轴线成一定角度的母线绕其轴线旋转所形成,如图 5.1(a)所示,圆锥体中垂直其轴线的各横截面的直径是不相等的,具有渐变性。工程中应用的圆锥体一般并不一定是带锥顶的圆锥体,而是圆台,如图 5.1(b)所示,但在实际应用中,只要带锥度的都叫作圆锥体。圆锥体是由圆锥表面与一定尺寸所限定的几何体。机械结构中,圆锥可分为圆锥孔和圆锥轴,圆锥孔为内圆锥,如图 5.1(c)所示,圆锥轴为外圆锥,如图5.1(d)所示。

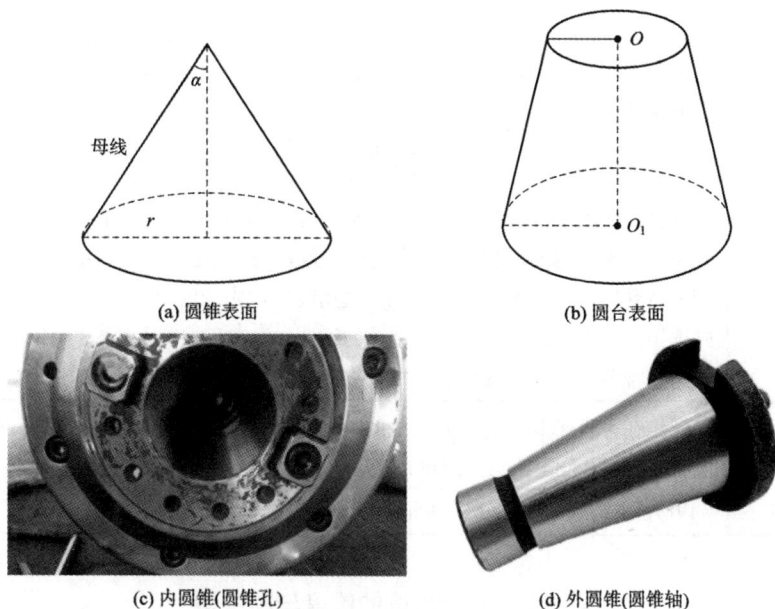

(a) 圆锥表面　　　　　　　　　　(b) 圆台表面

(c) 内圆锥(圆锥孔)　　　　　　(d) 外圆锥(圆锥轴)

图 5.1　圆锥

二、圆锥的几何参数

圆锥的主要几何参数如图 5.2 所示，参数的详细说明见表 5.2。

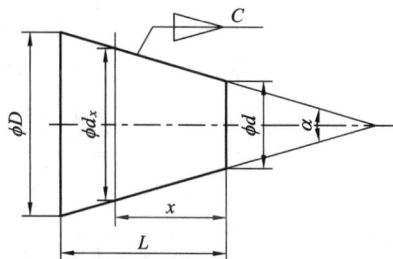

图 5.2　圆锥的主要几何参数

表 5.2　圆锥的主要几何参数说明

参数名称	说　明
圆锥角 α	在通过圆锥轴线的截面内，两条素线之间的夹角，用符号 α 表示
锥度 C	两个垂直于圆锥轴线截面的圆锥直径之差与这两个截面的轴向距离之比为 $$C = (D - d)/L$$

续表

锥度 C	锥度和圆锥角所表示的含义是一样的，在图纸上标注时，锥度 C 与圆锥角 α 只需要标注一个即可，二者的关系为 $$\tan\frac{\alpha}{2}=\frac{D-d}{2L}=\frac{C}{2}\ ;\qquad C=2\tan\frac{\alpha}{2}$$ 　　锥度一般用比例或分数表示，例如 C＝1∶5 或 C＝1/5。GB/T 157—2001《产品几何量技术规范(GPS) 圆锥的锥度与锥角系列》规定了一般用途的锥度与圆锥角系列和特殊用途的锥度与圆锥角系列，选用时应优先选用第 1 系列，当不能满足需要时选用第 2 系列。为了方便圆锥件的设计、生产和控制，表 5.3 中给出了锥度或圆锥角的推荐值，其有效位数可按需要确定。它们只适合光滑圆锥
圆锥直径	圆锥在垂直于其轴线的截面上的直径。常用的圆锥直径有最大圆锥直径 D、最小圆锥直径 d、给定截面处圆锥直径 d_x
圆锥长度 L	内(外)圆锥最大圆锥直径截面与最小圆锥直径截面之间的轴向距离

表 5.3　一般用途的锥度与圆锥角

基本值		推　算　值			锥度 C	用　途
系列 1	系列 2	(°)(′)(″)	(°)	Rad		
120°		—	—	2.094 395 10	1∶0.288 675 1	节气阀，汽车、拖拉机阀门
90°		—	—	1.570 796 33	1∶0.500 000 0	重型顶尖，重型中心孔，阀的阀销锥体，沉头螺钉
	75°	—	—	1.308 996 94	1∶0.651 612 7	10～13 mm 埋头螺钉，沉头及半沉头铆钉头
60°		—	—	1.047 197 55	1∶0.866 025 4	顶尖，中心孔，弹簧夹头，埋头钻
45°		—	—	0.785 398 16	1∶1.207 106 8	埋头及半埋头铆钉
30°		—	—	0.523 598 78	1∶1.866 025 4	摩擦离合器，弹簧夹头
1∶3		18°55′28.719 9″	18.924 644 42°	0.330 297 35	—	受轴向力易拆开的结合面，摩擦离合器
	1∶4	14°15′0.117 7″	14.250 032 70°	0.248 709 99	—	
1∶5		11°25′16.270 6″	11.421 186 27°	0.199 337 30	—	受轴向力的结合面，锥形摩擦离合器，磨床主轴
	1∶6	9°31′38.220 2″	9.527 283 38°	0.166 282 46	—	
	1∶7	8°10′16.440 8″	8.171 233 56°	0.142 614 93	—	重型机床顶尖，旋塞
	1∶8	7°9′9.607 5″	7.152 668 75°	0.124 837 62	—	联轴器和轴的结合面
1∶10		5°43′29.317 6″	5.724 810 45°	0.099 916 79	—	受轴向力、横向力和转矩的结合面，主轴承调节套筒

续表

基本值		推 算 值			锥度	用　途
系列 1	系列 2	(°)(′)(″)	(°)	Rad	C	
	1∶12	4°46′18.797 0″	4.771 888 06°	0.083 285 16	—	滚动轴承的衬套
	1∶15	3°49′5.897 5″	3.818 304 87°	0.066 641 99	—	受轴向力零件的结合面，主轴齿轮的结合面
1∶20		2°51′51.092 5″	2.864 192 37°	0.049 989 59	—	机床主轴，刀具刀杆的尾部，锥形铰刀，芯轴
1∶30		1°54′34.857 0″	1.909 682 51°	0.033 330 25	—	锥形铰刀，套式铰刀即扩孔钻的刀杆尾部，主轴颈
1∶50		1°8′45.158 6″	1.145 877 40°	0.019 999 33	—	圆锥销，锥形铰刀，量规尾部
1∶100		34′22.630 9″	0.572 953 02°	0.009 999 92	—	受静态载荷的不需拆开的连接件，如芯轴等
1∶200		17′11.321 9″	0.286 478 30°	0.004 999 99	—	受冲击变载荷的不需拆开的连接件，如圆锥螺栓、导轨镶条等
1∶500		6′52.529 5″	0.114 591 52°	0.002 000 00	—	

三、莫氏锥度

莫氏锥度在工具行业应用极广，有关参数、尺寸及公差已经标准化。表 5.4 中列出了莫氏工具圆锥的锥度和锥角，表中的数据摘自 GB/T 157—2001《产品几何量技术规范(GPS)圆锥的锥度与锥角系列》中的内容。

莫氏锥度是 19 世纪美国机械师莫氏(Stephen A. Morse)为了解决麻花钻的夹持问题而发明的，莫氏同时也是世界上最早商业化麻花钻头(1864 年)的发明者。莫氏锥度是一组特定的锥度，即一组特定的数据，它广泛应用于各种刀具(如钻头、铣刀)、各种刀杆及机床主轴孔的锥度。莫氏锥度有 0、1、2、3、4、5、6 共七个型号，详细数据见表 5.4。

莫氏锥度分为长锥和短锥，长锥多用于主动机床的主轴孔，短锥用于机床附件和机床连接孔，莫氏短锥有 B10、B12、B16、B18、B22、B24 六个型号，它们是由莫氏长锥 1、2、3 号缩短而来的，例如 B10 和 B12 是莫氏长锥 1 号的大小两端，一般机床附件根据大小和所需传动扭矩选择使用的短锥，如常用的 1~13 mm 钻夹头通常都是采用 B16 短锥。

莫氏锥度主要用于静配合，从而得到精确定位。由于锥度很小，利用摩擦力的原理，可以传递一定的扭矩，又因为是锥度配合，所以可以方便地拆卸。在同一锥度的一定范围内，工件可以自由地拆装，同时在工作时又不会影响到使用效果，比如钻孔的锥柄钻，如果使用中需要拆卸钻头磨削，可拆卸后再重新装上，不会影响钻头的中心位置。

表 5.4　常用特殊用途圆锥的锥度与锥角系列(摘录)

锥度 C	圆 锥 角			用 途	大径的基本尺寸/mm
	(°)(′)(″)	(°)	Rad		
7 : 24	16°35′39.4443″	16.594 290 08°	0.289 625 00	机床主轴、工具配合、铣刀刀柄	
1 : 19.002	3°0′52.3956″	3.014 554 34°	0.052 613 90	莫氏锥度 NO.5	44.399
1 : 19.180	2°59′11.7258″	2.986 590 50°	0.052 125 84	莫氏锥度 NO.6	63.348
1 : 19.212	2°58′53.8255″	2.981 618 20°	0.052 039 05	莫氏锥度 NO.0	9.045
1 : 19.254	2°58′30.4217″	2.975 117 13°	0.051 925 59	莫氏锥度 NO.4	31.267
1 : 19.922	2°52′31.4463″	2.875 401 76°	0.050 185 23	莫氏锥度 NO.3	23.825
1 : 20.020	2°51′40.7960″	2.861 332 23°	0.049 939 67	莫氏锥度 NO.2	17.78
1 : 20.047	2°51′26.9283″	2.857 480 08°	0.049 872 44	莫氏锥度 NO.1	12.065

因为莫氏锥孔的圆锥角的锥度在 3 度左右，定心好，有自锁性能，所以应用广泛。凡是具有旋转主轴的机床，如钻床、镗床、内圆磨、外圆磨、车床、滚齿机等，在主轴端头，一般都有莫氏锥孔。钻床、镗床、滚齿机用来安装钻头和刀具，内圆磨装磨头，都是用的莫氏锥孔。一般立式钻床主轴的锥孔为 3 号或 4 号莫氏锥度。镗床主轴一般为 5 号莫氏锥度。

铣床一般为装拆刀具方便，铣刀刀柄一般用 7 : 24 的锥度，只有在小型的工具铣床上才用莫氏锥孔。

外圆磨床的莫氏锥孔主要是用来装顶尖的，因为普通外圆磨床磨外圆时，工件两端一般均有顶尖孔，工件是通过顶尖孔固定在顶尖上进行磨削的，顶尖是依据莫氏锥度安装在头架和尾架轴的莫氏锥孔中的。

车床常用卡盘装夹工件，但中小型车床主轴的端头一般有莫氏锥孔，其作用主要有三个，一是用来安装心轴，用于检测机床精度；二是在制作一些需要重复精确定位的夹具时，作为定位基准；三是在扩大车床的使用范围时，能直接装卡刀具。

车床回转顶尖是精密车床上作高速切削时必备的一种附件，如图 5.3 所示，其锥度用的是莫氏锥度，如 mt5 和 mt4 代表莫氏 5 号和莫氏 4 号锥度。车床回转顶尖主要用于车床上加工轴类零件，由于其精度高，借助顶尖孔定位，可使加工零件得到较高的精度。

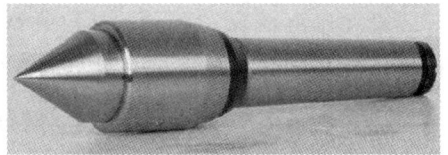

图 5.3　车床回转顶尖

5.2　圆锥公差

GB/T 11334—2005《产品几何量技术规范(GPS) 圆锥公差》适用于锥度 C 为 1 : 3～1 : 500，圆锥长度 L 为 6～630 mm 的光滑圆锥。圆锥公差的项目有圆锥直径公差、圆锥角公差、圆锥形状公差和给定截面圆锥直径公差，其相关术语如表 5.5 所示。

表 5.5　圆锥公差相关术语

术语	含　义	图　　示
公称圆锥	设计时给定的理想形状的圆锥，即图纸上给定的圆锥。公称圆锥可以由公称圆锥直径、公称圆锥角(或公称锥度)和公称圆锥长度三个基本要素确定	给定最大圆锥直径 ϕD、圆锥角 α 和圆锥长度 L　　　给定最小圆锥直径 ϕd、圆锥角 α 和圆锥长度 L 给定某一截面处直径 ϕd_x、圆锥角 α，并给定截面的圆锥长度 L_x 及圆锥总长度 L　　　给定最大圆锥直径 ϕD、最小圆锥直径 ϕd 和圆锥长度 L
实际圆锥	实际圆锥是实际存在、可以通过测量得到的圆锥，即实际加工出来存在误差的圆锥	
实际圆锥直径 d_a	在实际圆锥上测量得到的直径称为实际圆锥直径 d_a	
实际圆锥角 α_a	实际圆锥的任一轴向截面内，包容其素线且距离为最小的两对平行直线之间的夹角。在不同的轴向截面内，实际圆锥角不一定相同	实际圆锥素线
极限圆锥	与公称圆锥共轴且圆锥角相等，直径分别为上极限尺寸和下极限尺寸的两个圆锥；在垂直圆锥轴线的任一截面上，这两个圆锥的直径差都相等	极限圆锥
极限圆锥直径	垂直于圆锥轴线的截面上的直径，代号为 D_{max}、D_{min}、d_{max}、d_{min}，直径为上极限直径的圆锥称为上极限圆锥，直径为下极限直径的圆锥称为下极限圆锥	

续表

术　语	含　　义	图　　　示
极限圆锥角 α_{max}、α_{min}	允许的上极限圆锥角或下极限圆锥角	

一、圆锥公差项目

1. 圆锥直径公差 T_D

圆锥直径公差 T_D 为圆锥直径的允许变动量。其数值为允许的最大极限圆锥和最小极限圆锥直径之差,如图 5.4 所示,即 $T_D = D_{max} - D_{min} = d_{max} - d_{min}$,两个极限圆锥所限定的区域为圆锥直径公差区。

圆锥直径公差数值若在国家标准中未另行规定,则可根据圆锥配合的使用要求和工艺条件,直接从 GB/T 1800.1—2020 规定的标准公差取值,圆锥直径的公差等级也遵循该标准的规定。圆锥直径公差 T_D 以公称圆锥直径(一般取最大圆锥直径 D)为公称尺寸。

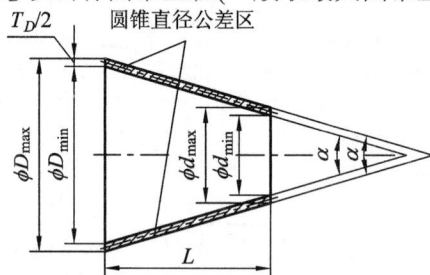

图 5.4　圆锥直径公差

2. 圆锥角公差

圆锥角的允许变动范围称为圆锥角公差。其数值为允许的最大与最小圆锥角之差,如图 5.5 所示,即 $AT_\alpha = \alpha_{max} - \alpha_{min}$。当对圆锥角公差无特殊要求时,可用圆锥直径公差加以限制,不用单独规定圆锥角公差;当对圆锥角精度要求较高时,则应单独规定圆锥角公差。

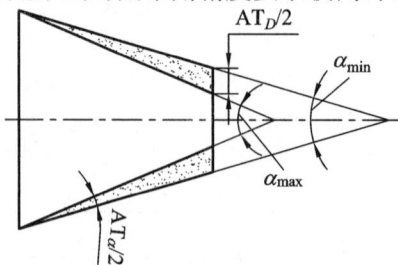

图 5.5　圆锥角公差

AT 共分为 12 个等级,即 AT1,AT2,…,AT12,其中 AT1 精度最高,AT12 精度最低,AT4~AT6 主要用于高精度的圆锥量规和角度样板;AT7~AT9 用于工具圆锥、圆锥销、传递大扭矩的摩擦圆锥;AT10~AT11 用于圆锥套、圆锥齿轮等中等精度零件;AT12 用于低精度零件。

圆锥角公差数值如表 5.6 所示。AT_α 与 AT_D 的换算关系为

$$AT_D = AT_\alpha \times L \times 10^{-3}$$

其中，AT_D 的单位 μm，AT_α 的单位为 μrad，L 的单位为 mm。

表 5.6 圆锥角公差(摘自 GB/T 11334—2005)

公称圆锥长度 L/mm	圆锥角公差等级								
	AT5			AT6			AT7		
	AT_α		AT_D	AT_α		AT_D	AT_α		AT_D
	μrad	(')(")	μm	μrad	(')(")	μm	μrad	(')(")	μm
6～10	315	1'05"	>2.0～3.2	500	1'43"	>3.2～5.0	800	2'45"	>5.0～8.0
>10～16	250	52"	>2.5～4.0	400	1'22"	>4.0～6.3	630	2'10"	>6.3～10.0
>16～25	200	41"	>3.2～5.0	315	1'05"	>5.0～8.0	500	1'43"	>8.0～12.5
>25～40	160	33"	>4.0～6.3	250	52"	>6.3～10.0	400	1'22"	>10.0～16.0
>40～63	125	26"	>5.0～8.0	200	41"	>8.0～12.5	315	1'05"	>12.5～20.0
>63～100	100	21"	>6.3～10.0	160	33"	>10.0～16.0	250	52"	>16.0～25.0
>100～160	80	16"	>8.0～12.5	125	26"	>12.5～20.0	200	41"	>20.0～32.0
>160～250	63	13"	>10.0～16.0	100	21"	>16.0～25.0	160	33"	>25.0～40.0
>250～400	50	10"	>12.5～20.0	80	16"	>20.0～32.0	125	26"	>32.0～50.0
>400～630	40	8"	>16.0～25.0	63	13"	>25.0～40.0	100	21"	>40.0～63.0

公称圆锥长度 L/mm	圆锥角公差等级							
	AT8			AT9			AT10	
	AT_α		AT_D	AT_α		AT_D	AT_α	AT_D
	μrad	(')(")	μm		(')(")	μm	(')(")	μm
6～10	1250	4'18"	>8.0～12.5	2000	6'52"	>12.5～20.0	3150 10'49"	>20.0～32.0
>10～16	1000	3'26"	>10.0～16.0	1600	5'30"	>16.0～25.0	2500 8'35"	>25.0～40.0
>16～25	800	2'45"	>12.5～20.0	1250	4'18"	>20.0～32.0	2000 6'52"	>32.0～50.0
>25～40	630	2'10"	>16.0～25.0	1000	3'26"	>25.0～40.0	1600 5'30"	>40.0～63.0
>40～63	500	1'43"	>20.0～32.0	800	2'45"	>32.0～50.0	1250 4'18"	>50.0～80.0
>63～100	400	1'22"	>25.0～40.0	630	2'10"	>40.0～63.0	1000 3'26"	>63.0～100.0
>100～160	315	1'05"	>32.0～50.0	500	1'43"	>50.0～80.0	800 2'45"	>80.0～125.0
>160～250	250	52"	>40.0～63.0	400	1'22"	>63.0～100	630 2'10"	>100.0～160.0
>250～400	200	41"	>50.0～80.0	315	1'05"	>80.0～125	500 1'43"	>125.0～200.0
>400～630	160	33"	>63.0～100	250	52"	>100～600	400 1'22"	>160.0～250.0

由表 5.6 可以看出，在每个尺寸段内，AT_α 是一个固定的数值，而 AT_D 的数值是由最大和最小圆锥长度分别计算得到的一个数值范围。对于不同的公称圆锥长度,应按公式计算,

例如，选定 AT7，当 $L = 45$ mm 时，查表 5.6 得到 $AT_\alpha = 315$ μrad，则 $AT_D = AT_\alpha \times L \times 10^{-3} = 315 \times 45 \times 10^{-3} = 14.175$ μm；当 $L = 65$ mm 时，查表 5.6 得到 $AT_\alpha = 250$ μrad，则 $AT_D = AT_\alpha \times L \times 10^{-3} = 250 \times 65 \times 10^{-3} = 16.25$ μm。

圆锥角的极限偏差可按单向或双向(对称或不对称)取值，如图 5.6 所示。图 5.6(a)说明了圆锥角单向增加，图 5.6(b)说明了圆锥角单向减小，图 5.6(c)为圆锥角对称双向取值。为了保证内外圆锥的接触均匀性，圆锥角公差带通常采用对称于公称圆锥角的分布。

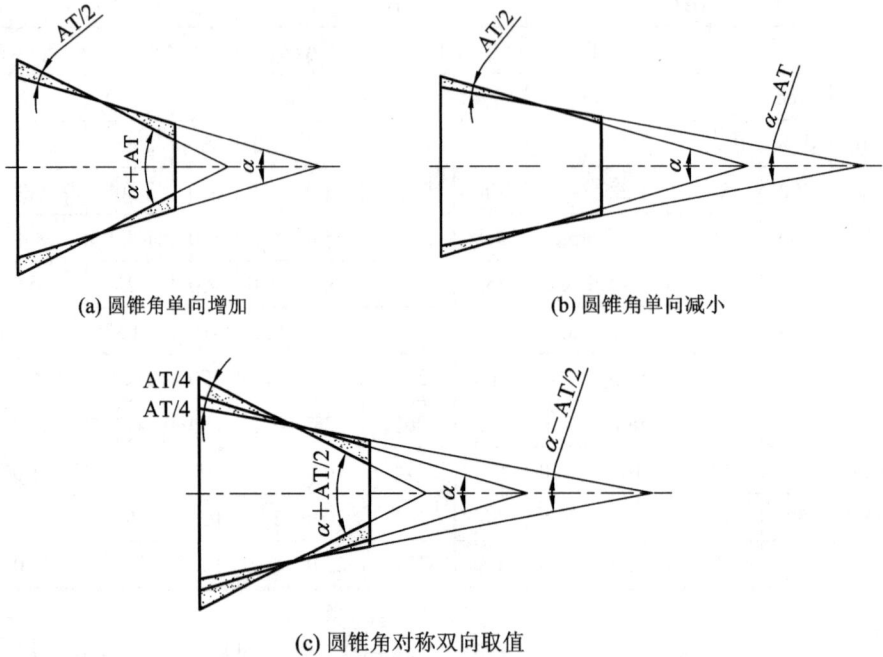

(a) 圆锥角单向增加　　　　　　　　(b) 圆锥角单向减小

(c) 圆锥角对称双向取值

图 5.6　圆锥角极限偏差

3. 圆锥形状公差 T_F

圆锥形状公差主要包括圆锥素线直线度公差和截面圆度公差。

1) 圆锥素线直线度公差

圆锥素线直线度公差是指在圆锥轴截面内，允许实际素线形状的最大变动量。圆锥素线直线度的公差带是指在给定截面上距离为公差值 T_F 的两条平行直线间的区域，如图 5.7 所示。

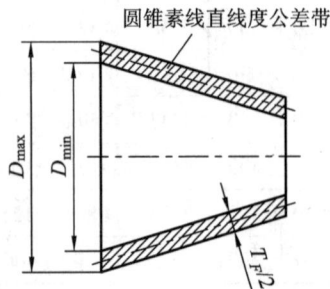

图 5.7　圆锥素线直线度公差带

2) 截面圆度公差

截面圆度公差是指在圆锥横截面上，允许截面形状的最大变动量。截面圆度公差带是指以半径差为公差值 T_F 的两同心圆间的区域，如图 5.8 所示。

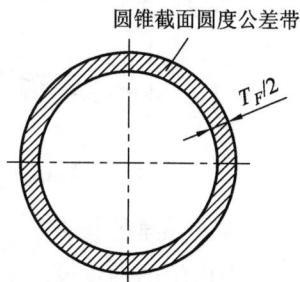

图 5.8　圆锥截面圆度公差带

要求不高时，圆锥形状误差由圆锥直径公差带限制；对要求较高的圆锥工件，应按形状与位置公差标准的规定选取。若需要，可给出素线直线度公差和(或)截面圆度公差，或者标出圆锥的面轮廓度公差。显然，面轮廓度公差不仅控制素线直线度误差和截面圆度误差，而且能控制圆锥角偏差。

4. 给定截面圆锥直径公差 T_{DS}

给定截面圆锥直径公差 T_{DS} 是在垂直于圆锥轴线的给定截面内，允许圆锥直径的变动量。以给定截面圆锥直径 d_x 为公称尺寸，从 GB/T 1800.1—2020 规定的标准公差取值，如图 5.9 所示。

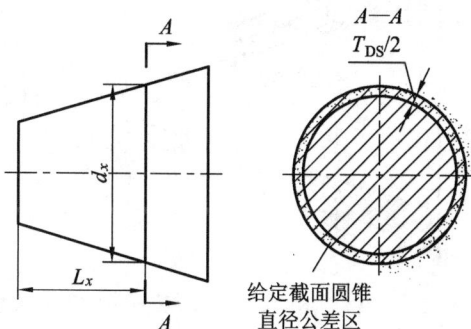

图 5.9　给定截面圆锥直径公差

二、圆锥公差的给定方法

圆锥公差的给定方法有两种，一种是给定公称圆锥角 α(或锥度 C)和圆锥直径公差 T_D；另一种是给定截面圆锥直径公差 T_{DS} 和圆锥角公差 AT。

1. 给定公称圆锥角 α(或锥度 C)和圆锥直径公差 T_D

由圆锥直径公差 T_D 确定两个极限圆锥，如图 5.10 所示。此时圆锥角误差和圆锥的形状误差均应在极限圆锥所限定的区域内。圆锥直径公差 T_D 所能限制的圆锥角如图 5.11 所示。

当对圆锥角公差、圆锥形状公差有更高的要求时，可再给出圆锥角公差 AT、圆锥形状公差 T_F。此时，AT 和 T_F 仅占 T_D 的一部分。

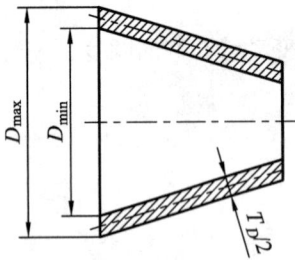

图 5.10 极限圆锥限定的区域　　　　　　图 5.11 用圆锥直径公差 T_D 控制圆锥公差

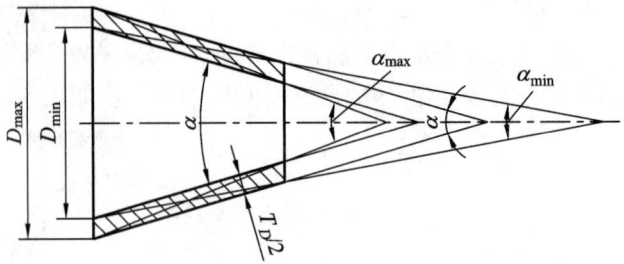

2. 给定截面圆锥直径公差 T_{DS} 和圆锥角公差 AT

截面圆锥直径公差来自给定截面内的圆锥直径，所以它只对这个截面直径有效，而给定的圆锥角公差不包容在截面圆锥直径公差带内。此时，圆锥角公差和截面圆锥直径公差是相互独立的，圆锥应分别满足该两项要求。

由图 5.12 可知，当圆锥在给定截面上具有最小极限尺寸 d_{xmin} 时，其圆锥角的公差带为图中下面两条实线限定的两对顶三角形区域内，即图中的斜线区域。当圆锥在给定截面上具有最大极限尺寸 d_{xmax} 时，其圆锥角的公差带为图中上面两条实线限定的两对顶三角形区域内，即图中的格纹区域。当圆锥在给定截面上具有某一实际尺寸 d_x 时，其圆锥角的公差带为图中的灰度区域。

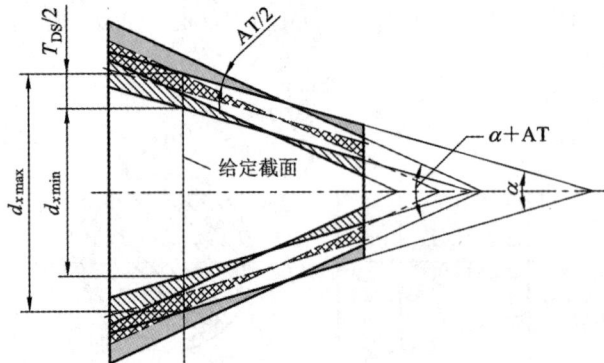

图 5.12 给定截面圆锥直径公差 T_{DS} 和 AT 的关系

这是在假定圆锥素线为理想直线的情况下给出的，适用于对圆锥工作的给定截面有较高精度要求的情况，例如阀类零件，常采用这种公差使圆锥配合在给定截面上有良好的接触，从而保证良好的密封性。

当对圆锥形状公差有更高的要求时，可再给出圆锥的形状公差 T_F。

5.3 圆锥尺寸和公差的标注

一、圆锥的尺寸标注

圆锥的尺寸标注有四种情况，如表 5.7 所示。当标注了锥度时，圆锥的其他尺寸的标注如表 5.8 所示。

表 5.7　圆锥的尺寸标注

说　明	示　例
给定最大圆锥直径ϕD、圆锥角 α 和圆锥长度 L	
给定最小圆锥直径ϕd、圆锥角 α 和圆锥长度 L	
给定某一截面处直径ϕd_x、圆锥角 α，并给定截面的圆锥长度 L_x 和圆锥总长度 L	
给定最大圆锥直径ϕD、最小圆锥直径ϕd 和圆锥长度 L	

　　锥度的标注应采用锥度的图形符号，该符号应配置在基准线上，如图 5.13 所示。表示锥度的图形符号和锥度应靠近圆锥轮廓标注，基准线应通过指引线与圆锥的轮廓素线相连。基准线应与圆锥的轴线平行，图形符号的方向应与圆锥倾斜方向一致。

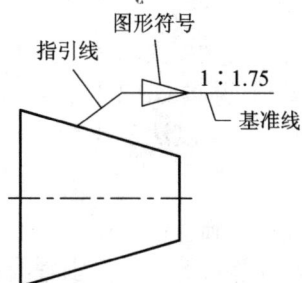

图 5.13　锥度图形符号的标注

表 5.8　圆锥的尺寸标注(已标注锥度)

说　明	示　例
给定最大圆锥直径ϕD、锥度和圆锥长度 L	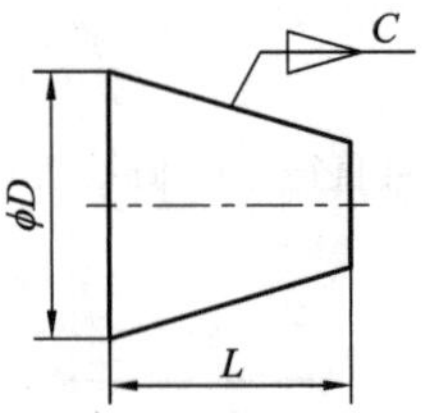
给定最小圆锥直径ϕd、锥度和圆锥长度 L	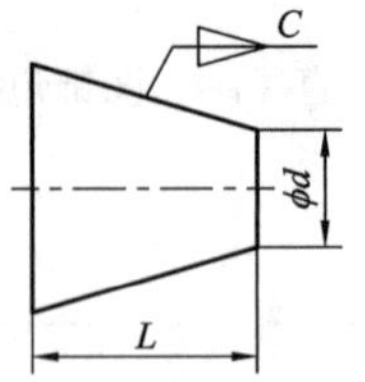
给定某一截面处直径ϕd_x、锥度，并给定截面的圆锥长度 L_x 和圆锥总长度 L	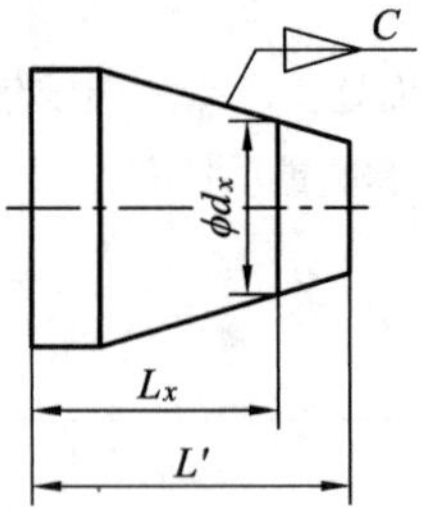
锥度为莫氏锥度或米制锥度时，可用标准系列号和相应的标记	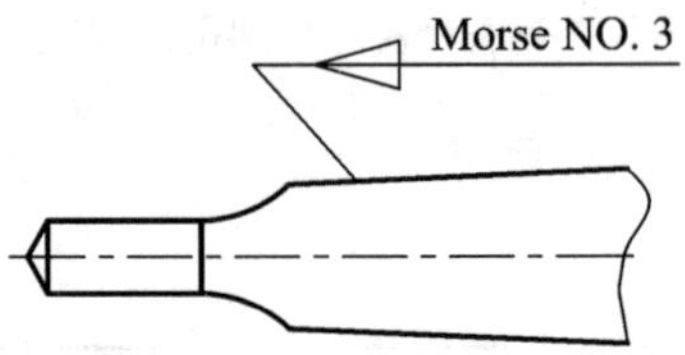

在图样上，标注了锥度，就不必再标注圆锥角，二者不应重复标注。

二、圆锥公差的标注

圆锥公差属于角度尺寸方面的几何精度要求。当圆锥结构的功能要求较高时，应选用 GB/T 11334 中给定的公差等级和数值，并按 GB/T 15754—1995 的注法规定标注在图纸上，共有三种标注圆锥公差的方法，即面轮廓度法、基本锥度法和公差锥度法。

1. 面轮廓度法

面轮廓度法是指给出圆锥的理论正确圆锥直径、理论正确圆锥角(或)锥度和圆锥长度，从而标注面轮廓度公差。这种方法优先推荐采用。圆锥的直径偏差、圆锥角偏差、素线直线度误差和横截面圆度误差等都控制在了面轮廓度公差带内，如图 5.14 所示。

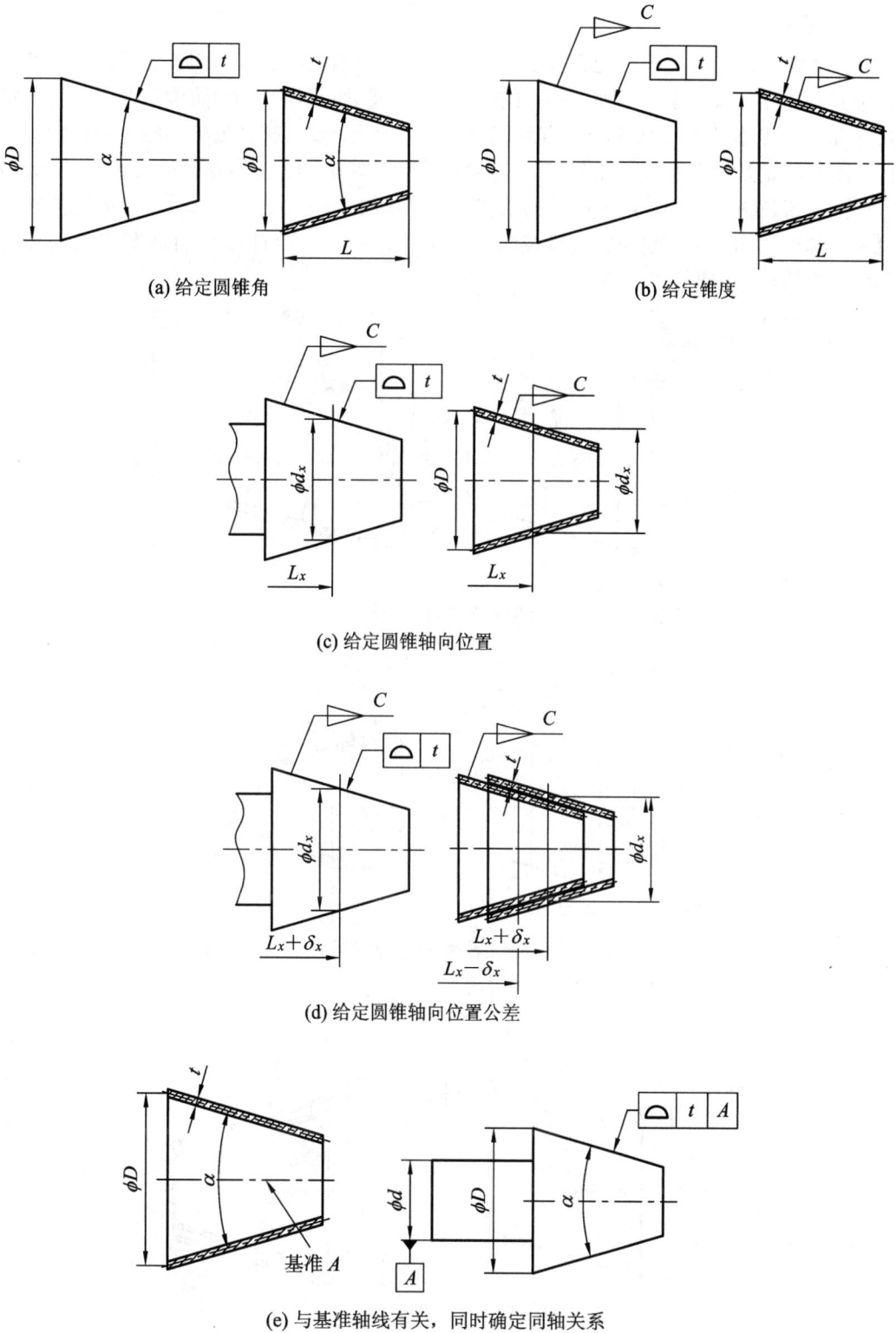

(a) 给定圆锥角

(b) 给定锥度

(c) 给定圆锥轴向位置

(d) 给定圆锥轴向位置公差

(e) 与基准轴线有关，同时确定同轴关系

图 5.14 面轮廓度法标注圆锥的公差

2. 基本锥度法

基本锥度法通常用于有配合要求的结构型内、外圆锥，是表示圆锥要素尺寸与其几何特征具有相互从属关系的一种公差带的表示方法，即由两同轴圆锥面(圆锥要素的最大实体尺寸和最小实体尺寸)形成两个具有理想形状的包容面。实际圆锥处处不能超越这两个包容面，图 5.15(a)是给定圆锥直径公差 T_D 时的公差带，图 5.15(b)是给定截面圆锥直径公差 T_{DS} 时的公差带，图 5.15(c)是给定圆锥的形状公差 T_F 时的公差带，因此，公差带既能控制圆锥直径、圆锥角的大小，也控制圆锥表面的形状。如有需要，可附加给出圆锥角公差和有关几何公差要求，作进一步控制。

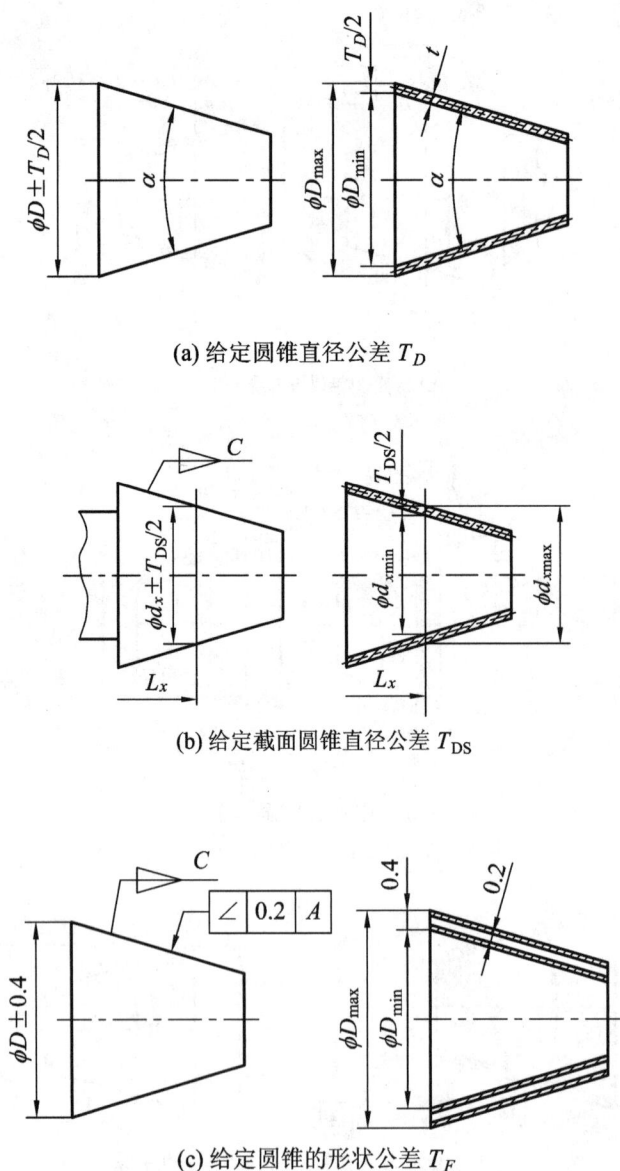

(a) 给定圆锥直径公差 T_D

(b) 给定截面圆锥直径公差 T_{DS}

(c) 给定圆锥的形状公差 T_F

图 5.15　基本锥度法标注圆锥的公差

3. 公差锥度法

公差锥度法适用于对某给定截面圆锥直径有较高要求的圆锥以及密封或非配合圆锥。

若直接给出圆锥直径公差和圆锥角公差，则不构成两同圆锥面公差带的标注方法；若给定截面圆锥直径公差，则仅控制该截面圆锥直径偏差，不再控制圆锥角偏差；若 T_{DS} 和 AT 分别规定，则分别满足要求，如表 5.9 所示。如有需要，可附加给出有关几何公差要求，作进一步的控制。

表 5.9 公差锥度法给定圆锥公差

标　注	说　明
 该圆锥标注：$\phi D \pm T_D/2$，锥角 $32°\pm 30'$，直线度公差 $\boxed{-\ \ t}$，长度 L 给定最大圆锥直径公差 T_D 和圆锥角公差 AT	该圆锥的最大圆锥直径应由 $\phi D + T_D/2$ 和 $\phi D - T_D/2$ 确定；锥角应在 $31°\,30'$ 和 $32°\,30'$ 之间变化；圆锥素线直线度公差要求为 t。最大圆锥直径公差和锥角公差相互独立，都要满足要求
 该圆锥标注：$\phi d_x \pm T_{DS}/2$，锥角 $32°\pm AT_\alpha/2$，长度 L_x、L 给定截面圆锥直径公差 T_{DS} 和圆锥角公差 AT_D	该圆锥截面的最大圆锥直径应由 $\phi d_x + T_{DS}/2$ 和 $\phi d_x - T_{DS}/2$ 确定。锥角应在 $32° + AT_\alpha/2$ 和 $32° - AT_\alpha/2$ 之间变化。给定截面圆锥直径公差和圆锥角公差相互独立，都要满足要求

5.4 圆　锥　配　合

圆锥是机械结构中常见的典型结构，光滑圆锥配合是机械设备中常用的典型连接和配合形式。因此，圆锥结合结构的标准化，是提高产品质量、保证零部件的互换性不可缺少的环节。我国制定了圆锥的相关国家标准，包括 GB/T 157—2001《产品几何量技术规范(GPS)圆锥的锥度和角度系列》、GB/T 11334—2005《产品几何量技术规范(GPS)圆锥公差》、GB/T 12360—2005《产品几何量技术规范(GPS) 圆锥配合》、GB/T 15754—1995《技术制图 圆锥的尺寸和公差注法》。

圆锥配合的分类方式有两种，一种是按内、外圆锥相对轴向位置的不同，可分为间隙配合、过渡配合和过盈配合，如表 5.10 所示；另一种是按内、外圆锥相对轴向位置的确定方法，分为结构型圆锥配合和位移型圆锥配合，如表 5.11 所示。

表 5.10　按内、外圆锥相对轴向位置的不同分类

名称	特　点	应　用
间隙配合	间隙大小可以通过内、外圆锥的轴向位移来调整	有相对运动的圆锥配合，如机床顶尖、车床主轴的圆锥轴径与滑动轴承的配合
过盈配合	在承载情况下，利用内外圆锥间的摩擦力自锁，可以传递很大的扭矩。圆锥的过盈配合中，内、外圆锥体可以拆开	常用于定心传递扭矩，如机床上的刀具(如带柄铰刀、扩孔钻的锥柄)与机床主轴锥孔的配合，圆锥形摩擦离合器等
过渡配合	配合接触紧密，间隙为零或略小于零。用于对中定心或密封，对内、外圆锥的形状精度要求很高，通常内、外圆锥面需要配对研磨，此时相配合的零件无互换性	发动机中气阀和阀座的配合等

　　圆锥配合是基本圆锥相同的内、外圆锥直径之间，由于结合不同所形成的相互关系。标准中规定了两种类型的圆锥配合，即结构型圆锥配合和位移型圆锥配合，二者在确定相结合的内、外圆锥轴向位置的方式上有各自的特点，不同之处见表 5.11。

表 5.11　按内、外圆锥相对轴向位置的确定方法分类

名　称	特　点	应　用
结构型圆锥配合	由内、外圆锥的结构或基面距确定它们之间最终的轴向相对位置，并因此获得指定配合性质的圆锥配合。其配合间隙或过盈是不能调整的。 基面距即内、外圆锥基准平面之间的距离	由内、外圆锥的结构确定内、外圆锥最终的轴向相对位置 靠轴肩确定内、外圆锥的最终位置
结构型圆锥配合		由内、外圆锥基准平面之间的距离确定最终的轴向相对位置，即用基面距(a)来确定装配后的最终轴向相对位置 由基面距形成的圆锥过盈配合

续表

名　称	特　点	应　用
位移型圆锥配合	内、外圆锥进行装配时，在不施加力的情况下，相互结合的内、外圆锥表面刚好处于接触时(初始位置)，再通过作相对轴向位移或者施加一定的装配力 F_s 所获得的配合，即通过相对轴向位移(E_a)确定的相对关系	从内、外圆锥装配时的实际初始位置起，沿轴向作轴向位移 E_a，到达终止位置，从而获得间隙配合，配合间隙大小完全取决于轴向的终止位置
		自内、外圆锥装配时的实际初始位置开始，施加一定的装配力 F_s，产生轴向位移，到达终止位置，得到过盈配合。注：必须施加一定的装配力，才能产生轴向位移

注意：结构型圆锥配合是由内、外圆锥直径公差带决定其配合性质的；位移型圆锥配合由内、外圆锥相对轴向位移(E_a)决定其配合性质。

　　结构型圆锥配合，推荐优先选用基孔制，即内圆锥直径基本偏差为 H，根据不同配合的要求，外圆锥直径基本偏差的选择范围为 a～zc；同时要注意，给出内、外圆锥直径公差带的基本圆锥直径应一致。

　　考虑到圆锥的大小端直径尺寸不便测量，在实际生产中，可采用以下方法：若对圆锥的结构要求不严，加工时可借助内圆锥的大端预留的工艺圆柱面与外圆锥小端的工艺圆柱面进行精确测量，以控制其直径尺寸(工艺圆柱面可留 2～3 mm)。若结构要求较严，可在内圆锥大端直径尺寸与外圆锥的小端直径尺寸达到要求后，将工艺圆柱面倒角，如图 5.16 所示。

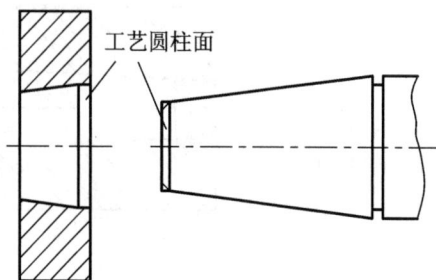

图 5.16　实际生产中圆锥直径的尺寸控制

5.5　圆锥误差的检测

一、圆锥量规测量圆锥误差

　　圆锥量规用于检验成批生产的内、外圆锥的锥度和基面距偏差，圆锥量规可以综合检验圆锥体的圆锥角、圆锥直径和圆锥表面的形状是否合格。检验外圆锥用的量规称为锥度环规,检验内圆锥用的量规称为锥度塞规。使用圆锥量规检验工件,应按 GB/T 11852—2003 规定,根据工件的锥度公差等级、圆锥长度来选择工作量规的锥度等级,根据涂色厚度、工件公差的分布位置及接触率等的要求进行检验。

1. 检验锥度

圆锥配合时,一般对锥度的要求比对直径的要求严格,所以用圆锥量规检验工件时,首先用涂色法检验工件的锥度,即在圆锥面上均匀地涂上 2～3 条极薄的涂层(若被检验的工件为内圆锥,将红丹或兰油涂在塞规上;若被检验的工件为外圆锥,可将红丹或蓝油涂在外圆锥工件上),并使被检验的圆锥与量规面接触后轻轻地转动 1/2～1/3 周,根据取出后涂层被擦掉的情况来判断圆锥角误差与圆锥表面的形状误差是否合格。若涂层被均匀地擦掉,表明锥角误差与圆锥表面的形状误差都较小;反之,则表明存在较大的误差。例如,用圆锥塞规检验内圆锥时,若塞规小端的涂层被擦掉,则表明被检内圆锥的锥角大了;若塞规大端的涂层被擦掉,则表明被检内圆锥的锥角小了,但不能检测出具体的误差值。

用涂色法检验圆锥工件锥角时,1 级圆锥量规用于检验锥角公差等级为 AT3、AT4 的工件的锥角;2 级圆锥量规用于检验锥角公差等级为 AT5、AT6 的工件的锥角;3 级圆锥量规用于检验锥角公差等级为 AT7、AT8 的工件的锥角。

2. 检验基面距

用圆锥量规检验基面距偏差时,基面距处于量规上相距为 Z 的两条刻线之间则为合格,如图 5.17(a)所示,其中,Z 为允许的轴向位移量,单位是 mm。在圆锥塞规上,间距为 Z 的两条线在塞规的大端,如图 5.17(b)所示;在环规上,间距为 Z 的两条线在环规的小端,如图 5.17(c)所示。

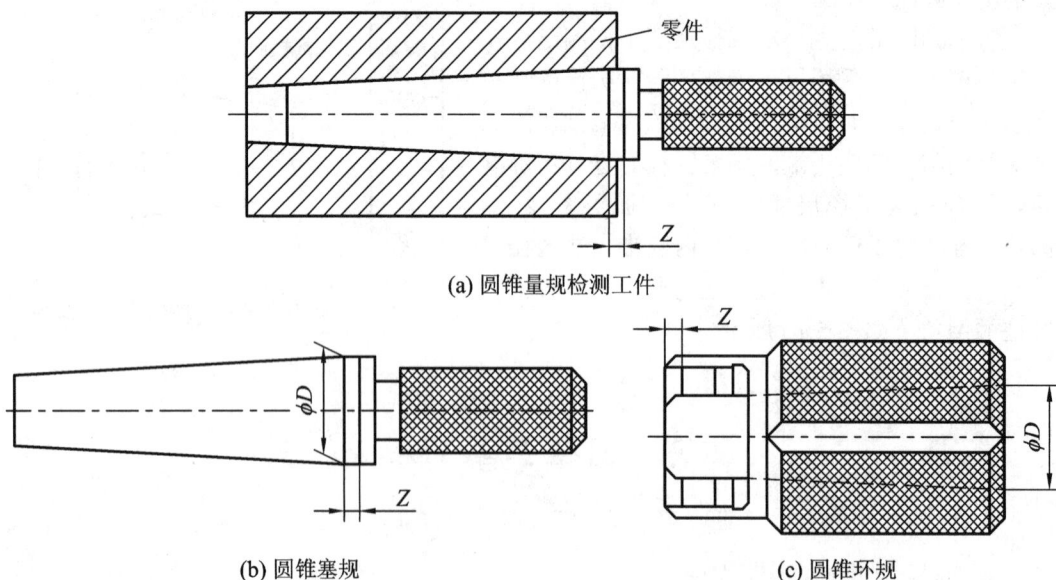

(a) 圆锥量规检测工件

(b) 圆锥塞规

(c) 圆锥环规

图 5.17　圆锥量规

二、正弦规测量锥角

正弦规是利用三角法测量角度的一种精密量具，用于测量带有锥度或角度的零件，测量精度可达 ±3″～±1″，适合测量小于 40° 的角度，测量结果通过正弦关系计算得到，两相同直径的钢圆柱体的中心距 L 有 100 mm 或 200 mm 两种规格。

正弦规测量
圆锥角度

测量前，首先按公式 $H = L\sin\alpha$ 计算出需要组合的量块高度 H，其中 α 为公称圆锥角，L 为正弦规两圆柱中心距，如图 5.18(b) 所示。完成上述工作后，可按图 5.18(a) 所示进行测量，将组合好的量块和正弦规按图 5.18(a) 所示位置放在平板上，再将被测工件放在正弦规上。若工件的实际角度等于理论值 α，工件上端的素线与平台是平行的，这时，若在 a、b 两点用表测值，则表的读数应该是相等的。若工件的角度不等于理论值 α，工件上端的素线将与平板不平行，在 a、b 两点用表测量，将得到不同的读数。若两点间读数差为 δ，又知 a、b 两点的距离为 l，因为角度很小时 $\theta = \sin\theta = \tan\theta$，则被测圆锥的锥度偏差 ΔC 为

$$\Delta C = \frac{\delta}{l}$$

具体测量时，须注意 a、b 两点测值的大小。若 a 点值大于 b 点值，则实际锥角大于理论锥角 α，算出的 $\Delta\alpha$ 为正；反之，$\Delta\alpha$ 为负。

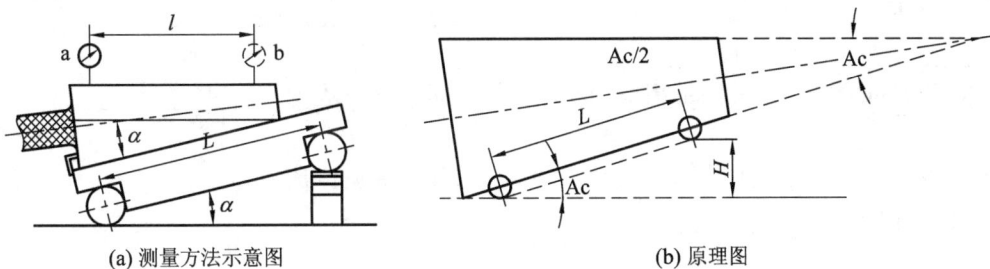

(a) 测量方法示意图   (b) 原理图

图 5.18 用正弦规测量锥角

三、用精密钢球或精密圆柱测量圆锥角

用精密钢球和精密圆柱(滚柱)也可以间接测量圆锥的锥角。图 5.19 所示为用两钢球测内圆锥锥角的示例。已知大、小球的直径分别为 D 和 d，测量时，先将小球放入，测出 H 值，再将大球放入，测出 h 值，则内圆锥锥角 α 值可按下式求得

$$L = H - h - D + \frac{D}{2} + \frac{d}{2} = H - h - \frac{D}{2} + \frac{d}{2}$$

$$\sin\frac{\alpha}{2} = \frac{D - d}{2L}$$

图 5.20 所示为用两圆柱测外圆锥的锥角，将圆锥放置在平台上，小锥与平台接触，将两尺寸相同的圆柱夹在圆锥的小端处，记录两个圆柱的外尺寸 m，所垫量块的高度为 H，将圆柱放置在量块上，并与圆锥面接触，记录两圆柱的外尺寸 M，圆锥角可由下面公式

得到：

$$\tan\frac{\alpha}{2} = \frac{M - m}{2H}$$

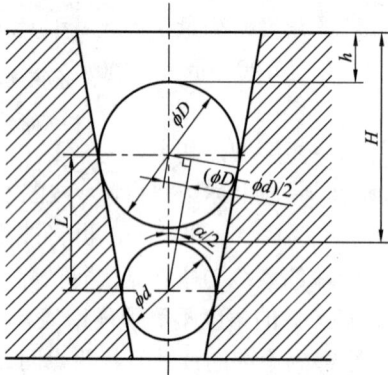

图 5.19　用钢球测内圆锥锥角

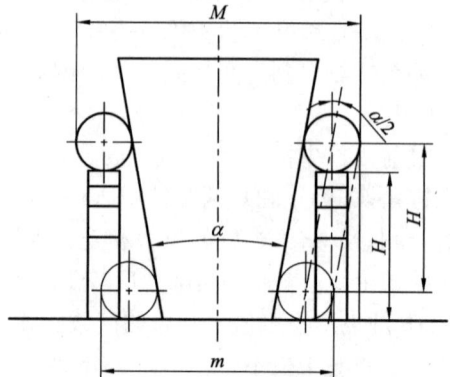

图 5.20　用圆柱测外圆锥锥角

习　　题

1. 对于大批量生产且有较高精度要求的内、外圆锥，其测量器具应选用_____。

2. 圆锥公差项目有四个，分别为_____、_____、_____和_____。

3. 圆锥配合按内、外圆锥相对轴向位置的不同，分别是_____、_____和_____。

4. 在内、外圆锥配合中，确定轴向相对基准平面间的距离称为_____，它的大小可改变圆锥配合的_____。

第6章　光滑极限量规

6.1　光滑极限量规

光滑极限量规是一种没有刻度的专用计量器具。用这种量规检验工件时，只能判断工件合格与否，不能获得工件的实际尺寸。该量规广泛应用于成批大量生产中。孔、轴采用包容要求时，则使用光滑极限量规来检验。

光滑极限量规主要分为塞规、环规和卡规三大类。塞规、环规和卡规均有两端，一端是通端，另一端是止端。用这种量规检验工件时，只需通规通过，止规不通过，就说明被测件是合格的，否则工件就不合格。

(1) 塞规是用于孔径检验的光滑极限量规，其测量面为外圆柱面、球面等。其中，塞规尺寸具有被检孔径最小极限尺寸的为孔用通规，具有被检孔径最大极限尺寸的为孔用止规，如图 6.1(a)所示。

(2) 环规是用于轴径检验的光滑极限量规，其测量面为内圆环面。其中，圆环直径具有被检轴径最大极限尺寸的为轴用通规，具有被检轴径最小极限尺寸的为轴用止规，如图 6.1(b)所示。

(3) 卡规也是用于轴径检验的光滑极限量规，其测量面为两平行内表面。其中，两测量面的间距具有被检轴径最大极限尺寸的为轴用通规，具有被检轴径最小极限尺寸的为轴用止规，如图 6.1(c)所示。

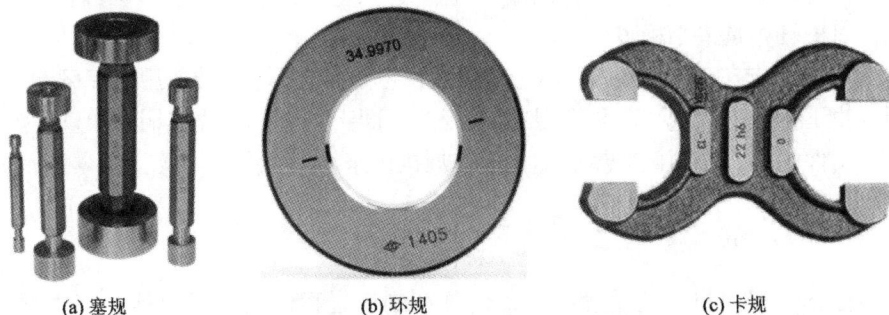

(a) 塞规　　　　　　(b) 环规　　　　　　(c) 卡规

图 6.1　光滑极限量规

由于工件存在形状误差，虽然工件实际尺寸位于最大与最小极限尺寸范围内，但该工件装配时可能发生困难或装配后达不到规定的配合要求。因此，对于要求遵循包容要求的孔和轴，应按极限尺寸判断原则(即泰勒原则)验收，泰勒原则要求通规应该是全形通规，止规是两点状止规。但是，在量规的实际应用中，由于量规的制造和使用方面的原因，要求量规的形状完全符合泰勒原则会有困难，有时甚至不能实现，所以不得不使用偏离泰勒原则的量规；使用过程中，为了尽量减少在使用偏离泰勒原则的量规检验时造成的误判，一定要正确操作量规。

一、量规使用的注意事项

光滑极限量规是一种精密测量器具，使用过程中要与工件多次接触，为了保持量规的精度，提高检验结果的可靠性，必须合理正确地使用量规。

(1) 使用前，认真核对图纸，选择正确的量规，检查量规的工作表面是否有锈斑、划痕和毛刺等缺陷，因为这些缺陷容易引起被检验工件表面质量下降，特别是公差等级和表面粗糙度较高的有色金属工件更为突出。同时，检查被测工件，特别是内孔，是否有毛刺、凸起、划伤等缺陷。

(2) 使用前辨别通端和止端。

(3) 使用时，要轻拿轻放量规，不要与工件碰撞，检验时要轻卡轻塞，不可硬卡硬塞。

(4) 检验时，必须放正位置，不能歪斜，否则检验结果不可靠。

(5) 检验时，被检工件要与量规温度一致，刚加工完还发热的工件不能用量规进行检验。

(6) 检验时，要检测多个位置，才能得到正确可靠的检验结果。塞规通端要在孔的整个长度上检验，而且还要在 2～3 个轴向平面内检验；塞规止端要尽可能在孔的两端进行检验。卡规的通端和止端都应沿轴和绕轴不少于 4 个位置上进行检验。

(7) 不能用量规检验正在运转的工件。

(8) 不能用量规检验表面粗糙和不清洁的工件。

(9) 量规的通端要通过每一个合格的工件，其测量面会经常磨损，因此，量规需要定期检定。

(10) 检验工件时，如果判定有争议，应该使用下述尺寸的量规检验：通端应等于或接近工件的最大实体尺寸，工件的最大实体尺寸对于孔是最小极限尺寸，对于轴则是最大极限尺寸；止端应等于或接近工件的最小实体尺寸，工件的最小实体尺寸对于孔是最大极限尺寸，对于轴则是最小极限尺寸。

(11) 塞规卡在工件孔内时，不能用普通铁锤敲打、扳手扭转或用力摔砸，应该用木槌、铜锤或钳工拆卸工具进行，注意，要在塞规的端面上垫一块木片或铜片加以保护。必要时，可以把工件的外表面稍微加热后，再把塞规拔出来。

二、量规的公差

虽然光滑极限量规的精度很高，但是在制造过程中不可避免地会产生制造误差，除此之外，由于通规在使用过程中要通过合格的被测孔、轴，其工作表面会逐渐磨损，因此，为了使通规具有一定的使用寿命，应留出适当的磨损量。止规通常不通过被测孔和轴，因此不需要留磨损量。对于包容要求或精度要求比较高的尺寸，尺寸的验收遵循内缩原则，即将工件的验收极限从工件的极限尺寸向工件的公差带内缩一个安全裕度 A，如图 6.2 所示。对于量规的通端来说，安全裕度由量规的制造公差和磨损量组成，止端则由制造公差决定。

图 6.2　量规尺寸的内缩原则

6.2　包 容 要 求

检验光滑工件尺寸时，可使用通用测量器具，也可使用极限量规。当孔和轴的尺寸公差和几何公差采用包容要求时，孔和轴的尺寸误差和几何误差的综合结果应该使用光滑极限量规检验。

一、术语和意义

1. 极限尺寸

极限尺寸是尺寸要素允许的尺寸的两个极端，孔或轴的尺寸要素允许的最大尺寸为上极限尺寸(孔的代号为 D_{max}，轴的代号为 d_{max})，孔或轴的尺寸要素允许的最小尺寸为下极限尺寸(孔的代号为 D_{min}，轴的代号为 d_{min})。提取组成要素的局部尺寸(D_a 或 d_a)应位于两个极限尺寸之间，也可达到极限尺寸，即

孔：$\qquad\qquad\qquad D_{max} \geqslant D_a \geqslant D_{min}$

轴：$\qquad\qquad\qquad d_{max} \geqslant d_a \geqslant d_{min}$

2. 最大实体尺寸

假定提取组成要素的局部尺寸处处位于极限尺寸处且使其具有实体最大时的状态称为最大实体状态(MMC)，则确定要素最大实体状态的尺寸就称为最大实体尺寸(MMS)。孔的最大实体尺寸是下极限尺寸(D_{min})，轴的最大实体尺寸是上极限尺寸(d_{max})。最大实体状态理想形状的极限包容面为最大实体边界(MMB)。

实体尺寸

3. 最小实体尺寸

假定提取组成要素的局部尺寸处处位于极限尺寸处且使其具有实体最小时的状态称为最小实体状态(LMC)，则确定要素最小实体状态的尺寸就称为最小实体尺寸(LMS)。孔的最小实体尺寸是上极限尺寸(D_{max})，轴的最小实体尺寸是上极限尺寸(d_{min})。最小实体状态理想形状的极限包容面为最小实体边界(LMB)。

最大和最小实体状态都是设计规定的合格工件的材料量所具有的两个极限状态。最大

实体尺寸是实际要素在最大实体状态下(材料最多)的极限尺寸,如图 6.3(a)所示。最小实体尺寸是实际要素在最小实体状态下(材料最少)的极限尺寸,如图 6.3(b)所示。

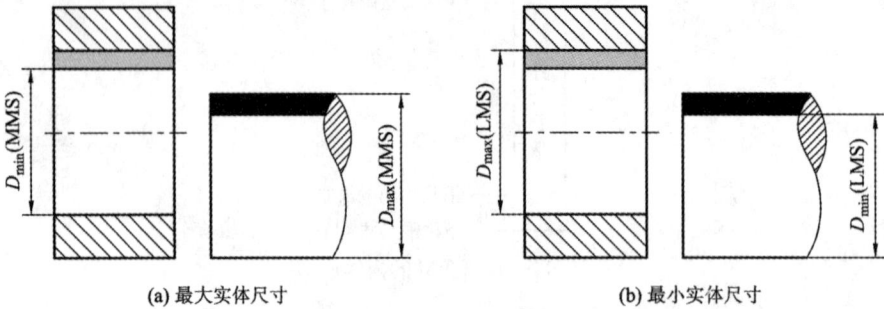

(a) 最大实体尺寸　　　　　　　　(b) 最小实体尺寸

图 6.3　最大和最小实体尺寸

最大实体状态是对装配最不利的状态,即可能获得最紧的装配结果的状态,也是工件强度最高的状态;最小实体状态是对装配最有利的状态,即可能获得最松的装配结果的状态,也是工件强度最低的状态。

4. 体外作用尺寸

体外作用尺寸实际上是对配合起作用的尺寸,是在提取要素的给定长度上,与实际内表面体外相接的最大理想面或与实际外表面体外相接的最小理想面的直径或宽度,单一要素的体外作用尺寸如图 6.4 所示。

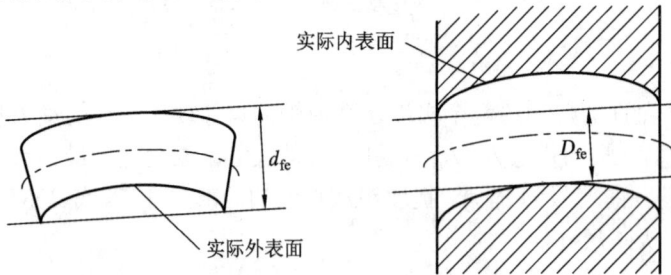

体外作用尺寸

图 6.4　单一要素的体外作用尺寸

对于关联要素,该理想面的轴线或中心平面必须与基准保持图样给定的几何关系,如图 6.5 所示,体外作用尺寸的理想表面必须和基准平面 A 保持垂直的关系,其尺寸为 $d_{\text{fe关}}$,$D_{\text{fe关}} \geqslant D_{\text{fe单}} \geqslant D_{\text{a}}$,其中,$D_{\text{fe单}}$ 为单一要素的体外作用尺寸,D_{a} 为实际尺寸。

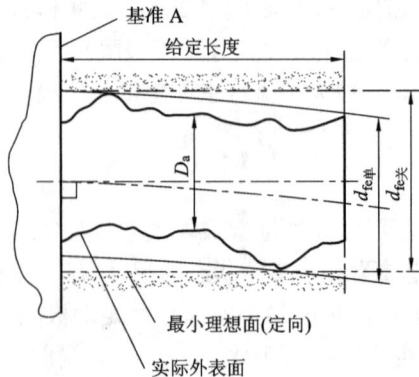

图 6.5　关联要素的体外作用尺寸

二、包容要求的含义

包容要求是要求提取的组成要素处处不得超越最大实体边界(MMB)，其局部尺寸不得超出最小实体尺寸(LMS)的一种公差要求，即实际组成要素应遵守最大实体边界，其体外作用尺寸不得超越其最大实体边界尺寸，且其实际尺寸不得超越其最小实体尺寸。

对于轴,体外作用尺寸小于等于上极限尺寸 d_{max},实际尺寸 d_a 大于等于下极限尺寸 d_{min}。

对于孔,体外作用尺寸大于等于下极限尺寸 D_{min},实际尺寸 d_a 小于等于上极限尺寸 D_{max}。

如果实际要素达到最大实体状态，就不得有任何几何误差，只有在实际要素偏离最大实体状态时，才允许存在与偏离相关的几何误差。如图 6.6(b)所示，当实际尺寸为最大实体尺寸 $\phi20$ 时，其直线度误差为 0；当实际尺寸偏离最大实体尺寸数值而为 $\phi19.97$ 时，允许其有 $\phi0.03$ 的直线度误差。

包容要求适用于单一要素，如圆柱直径或两平行平面的距离尺寸。零件遵循包容要求时，应用光滑极限量规检验。

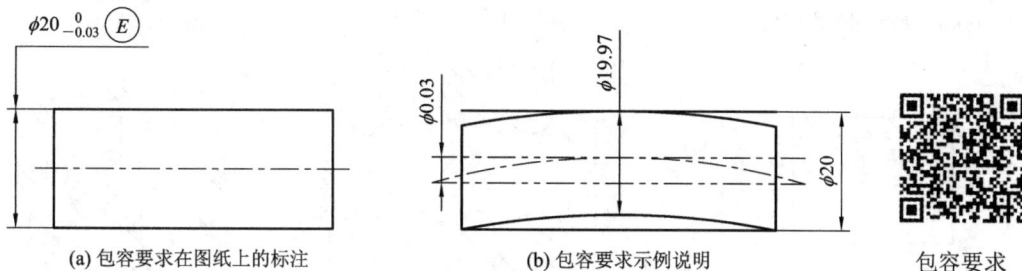

(a) 包容要求在图纸上的标注　　(b) 包容要求示例说明　　包容要求

图 6.6　单一要素遵循包容要求

三、包容要求的标注

采用包容要求时,图样或文件中应注明"公差要求按 GB/T 4049—2009 的规定执行"。

按包容要求给出公差时，需要在尺寸的上、下极限偏差后面或尺寸公差代号后面标注符号 Ⓔ，如图 6.6(a)所示。遵循包容要求且对形状公差需要进一步要求时，需另外用框格注出形状公差。当然，形状公差值一定要小于尺寸公差值，形状公差与尺寸公差彼此相关。

四、包容要求的应用

包容要求常用于有较高配合要求的场合。例如，按照包容要求给出公差的 $\phi30H7$ 孔与 $\phi30h6$ 轴的间隙配合中，所需要的间隙是通过孔和轴各自遵守最大实体边界来保证的，这样才不会因孔和轴的形状误差在装配时产生过盈。

6.3　泰　勒　原　则

由于工件存在形状误差，虽然工件实际尺寸位于最大与最小极限尺寸范围内，但该工件在装配时可能发生困难或装配后达不到规定的配合要求，这就产生了无法理解的矛盾，泰勒原则遵循包容要求的规定,正确地解决了形状公差和尺寸公差之间的关系问题,这一原则,是制定极限量规标准和检验标准的理论依据。

一、泰勒原则简介

泰勒原则即工件的体外作用尺寸(D_{fe} 或 d_{fe})不超出最大实体尺寸(MMS);实际尺寸(D_a 或 d_a)不超出最小实体尺寸(LMS),孔见图 6.7(a)~(c),轴见图 6.7(e)~(g)。

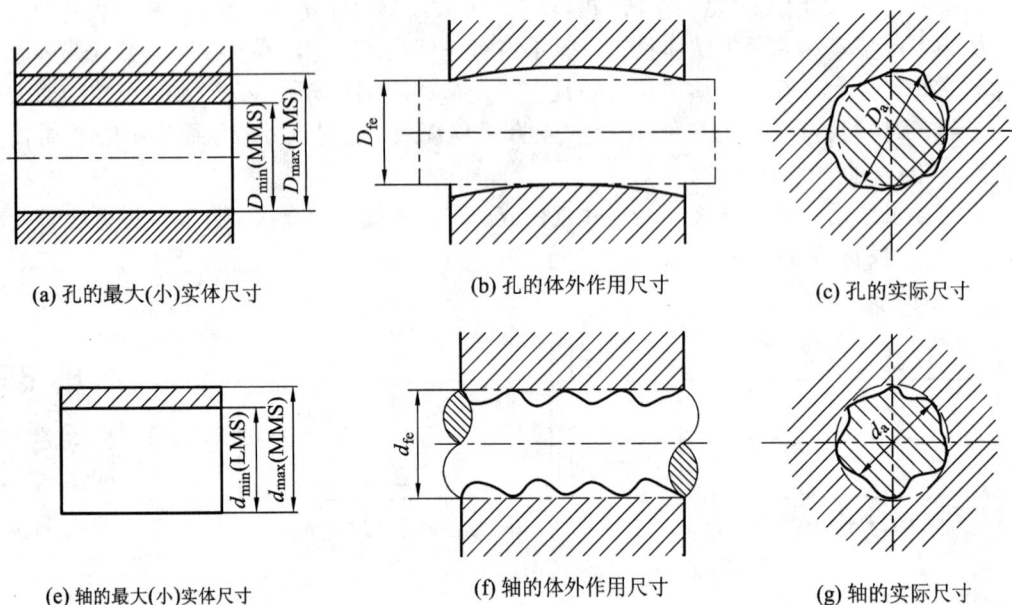

(a) 孔的最大(小)实体尺寸　　　(b) 孔的体外作用尺寸　　　(c) 孔的实际尺寸

(e) 轴的最大(小)实体尺寸　　　(f) 轴的体外作用尺寸　　　(g) 轴的实际尺寸

图 6.7　泰勒原则

轴:体外作用尺寸$\leqslant d_{max}$且实际尺寸$\geqslant d_{min}$。

孔:体外作用尺寸$\geqslant d_{min}$且实际尺寸$\leqslant d_{max}$。

泰勒原则就是有配合要求的孔、轴,其局部实际尺寸与形状误差都要控制在尺寸公差带以内。

通规应选用全形量规,其测量面应该是与孔或轴相对应的完整表面,其定形尺寸等于零件的最大实体尺寸,且测量长度等于配合长度。泰勒原则指导设计量规的方法如图 6.8 所示。

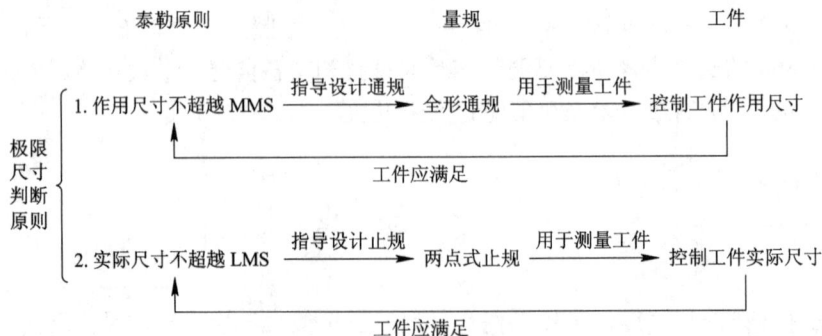

图 6.8　泰勒原则指导设计量规

止规用于控制工件的实际尺寸，测量面采用两点状，测量面之间的定形尺寸等于工件的最小实体尺寸。

但是根据实际情况，光滑极限量规的设计不能完全遵循泰勒原则，比如通规的长度不等于工件的配合长度，大尺寸的孔和轴通常分别用非全形的通规和卡规，曲轴的轴径或正在加工的工件只能用卡规，不能用环规，点接触易于磨损，止规常采用小平面或圆柱面；检验薄壁零件时，为防止两点状止规造成工件变形，也采用全形止规。形状误差不影响配合性质时，国标允许使用偏离泰勒原则的量规，测孔量规型式及应用尺寸范围如图 6.9(a) 所示，测轴量规型式及应用尺寸范围如图 6.9(b) 所示。为了减少在使用偏离泰勒原则的量规检验时造成的误判，一定要正确操作量规。使用非全形的通端塞规时，应在被检的孔的全长上，沿圆周的几个位置上检验；使用卡规时，应在被检轴的配合长度上选择几个不同的部位，并围绕被检轴的圆周选择几个不同的位置检验。

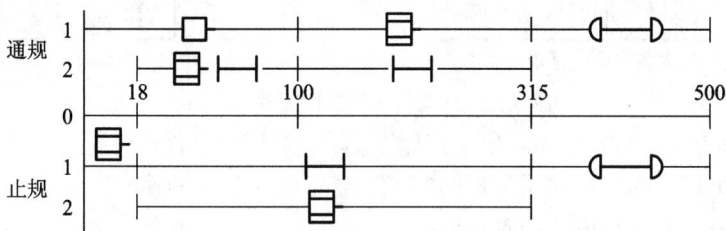

(a) 测孔量规型式及应用尺寸范围

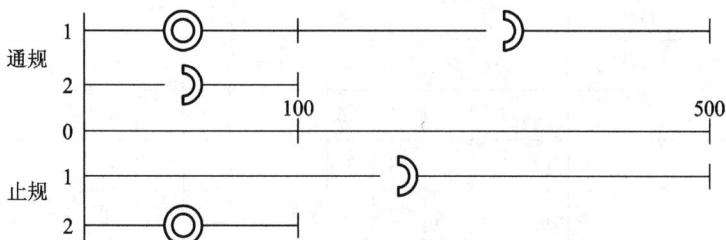

(b) 测轴量规型式及应用尺寸范围

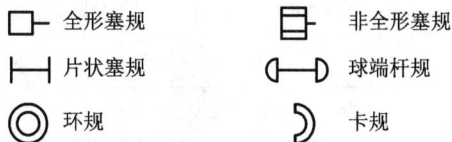

全形塞规	非全形塞规
片状塞规	球端杆规
环规	卡规

图 6.9　偏离泰勒原则的量规形状

二、光滑极限量规极限偏差的计算

光滑极限量规也有制造误差，长期使用会出现磨损，用量规检测工件会出现误收的情况吗？为了弄清楚这几个问题，有必要了解工作量规尺寸的设计。

光滑极限量规尺寸的设计，即确定量规的定形尺寸和极限偏差。首先需要确定工作量规的定形尺寸，即通端和止端的定形尺寸；其次确定制造公差和位置公差；最后绘制公差带图。其尺寸公差带图如图 6.10 所示。

通规用来控制工件的作用尺寸，其定形尺寸等于零件的最大实体尺寸 MMS，对于孔是

下极限尺寸 $D_{\min}$，对于轴是上极限尺寸 $d_{\max}$。

止规用来控制工件的实际尺寸，其定形尺寸等于零件的最小实体尺寸 LMS，对于孔是上极限尺寸 $D_{\max}$，对于轴是下极限尺寸 $d_{\min}$。

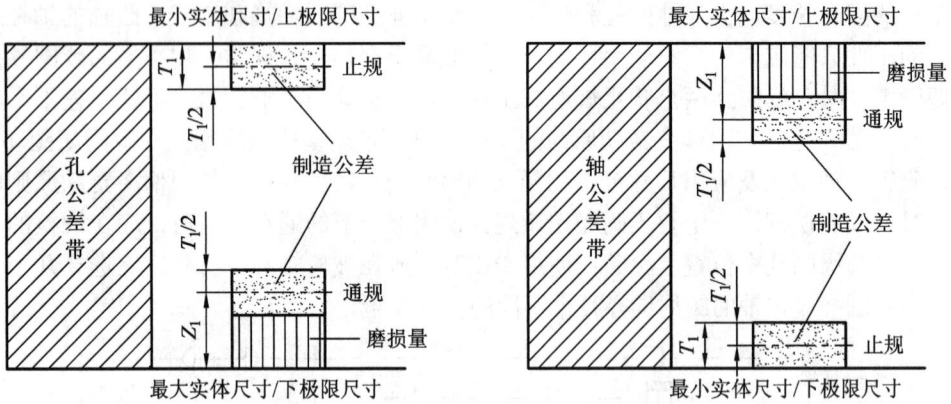

图 6.10　光滑极限量规的尺寸公差带

国家标准 GB/T 1957—2006 给出了光滑极限量规尺寸公差 T_1 和通规公差带位置要素 Z_1 的数值，这两个指标综合考虑了量规的制造工艺水平和一定的使用寿命，并且按工件的公称尺寸、标准公差等级给出，如表 6.1 所示。

表 6.1　光滑极限量规尺寸公差和通规公差带位置要素数值表

工件公称尺寸 (D 或 d)/mm	IT6			IT7			IT8			IT9			IT10			IT11		
	IT6	T_1	Z_1	IT7	T_1	Z_1	IT8	T_1	Z_1	IT9	T_1	Z_1	IT10	T_1	Z_1	IT11	T_1	Z_1
至 3	6	1	1	10	1.2	1.6	14	1.6	2	25	2	3	40	2.4	4	60	3	6
>3～6	8	1.2	1.4	12	1.4	2	18	2	2.6	30	2.4	4	48	3	5	75	4	8
>6～10	9	1.4	1.6	15	1.8	2.4	22	2.4	3.2	36	2.8	5	58	3.6	6	90	5	9
>10～18	11	1.6	2	18	2	2.8	27	2.8	4	43	3.4	6	70	4	8	110	6	11
>18～30	13	2	2.4	21	2.4	3.4	33	3.4	5	52	4	7	84	5	9	130	7	13
>30～50	16	2.4	2.8	25	3	4	39	4	6	62	5	8	100	6	11	160	8	16
>50～80	19	2.8	3.4	30	3.6	4.6	46	4.6	7	74	6	9	120	7	13	190	9	19
>80～120	22	3.2	3.8	35	4.2	5.4	54	5.4	8	87	7	10	140	8	15	220	10	22
>120～180	25	3.8	4.4	40	4.8	6	63	6	9	100	8	12	160	9	18	250	12	25
>180～250	29	4.4	5	46	5.4	7	72	7	10	115	9	14	185	10	20	290	14	29
>250～315	32	4.8	5.6	52	6	8	81	8	11	130	10	16	210	12	22	320	16	32
>315～400	36	5.4	6.2	57	7	9	89	9	12	140	11	18	230	14	25	360	18	36
>400～500	40	6	7	63	8	10	97	10	14	155	12	20	250	16	28	400	20	40

例 6.1　计算 $\phi25\text{H8/f7}$ 孔和轴用工作量规的极限偏差。

(1) 确定被测孔、轴的极限偏差，如表 6.2 所示。

表 6.2　被测孔、轴的极限偏差

尺寸代号	上极限偏差	下极限偏差	公差
$\phi25$H8	+0.033 mm	0	0.033 mm
$\phi25$f7	−0.020 mm	−0.041 mm	0.021 mm

(2) 确定量规的基本尺寸和尺寸公差，如表 6.3 所示。

表 6.3　量规的基本尺寸和尺寸公差

	量规公差 T_1	位置要素 Z_1	上极限偏差	下极限偏差	磨损极限
$\phi25$H8 孔用塞规	0.0034	0.005	EI + Z_1 + T_1/2 = 0 + 0.005 + 0.0017 = +0.0067	EI + Z_1 − T_1/2 = 0 + 0.005 − 0.0017 = +0.0033	EI = 0
$\phi25$H8 孔用止规	0.0034	0	ES = +0.033	ES − T_1 = +0.033 − 0.0034 = 0.0296	
$\phi25$f7 轴用通规	0.0024	0.0034	es − Z_1 + T_1/2 = −0.020 − 0.0034 + 0.0012 = −0.0222	es − Z_1 − T_1/2 = −0.020 − 0.0034.0.0012 = −0.0246	es = −0.020
$\phi25$f7 轴用止规	0.0024	0	ei + T_1 = −0.041 + 0.0024 = −0.0386	ei=−0.041	

(3) 画工作量规的尺寸公差带图，如图 6.11 所示。

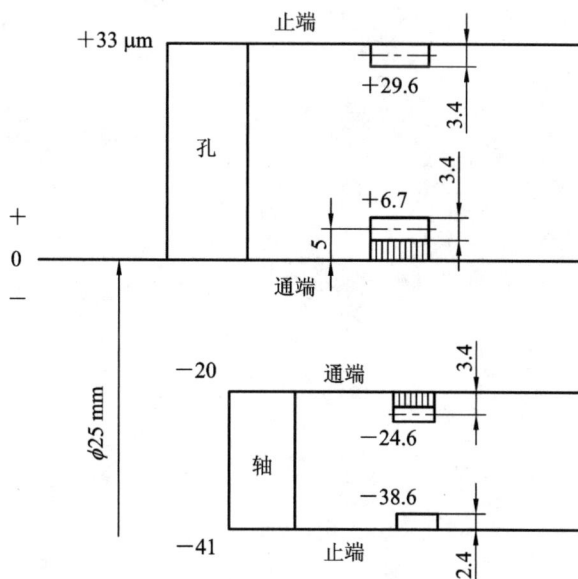

图 6.11　工作量规的尺寸公差带

习　题

1. 最大实体尺寸是实际要素在最大实体状态下(材料最多)的极限尺寸，孔的最大实体尺寸是_____，轴的最大实体尺寸是_____。

2. 按包容要求给出公差时，需要在尺寸的上、下极限偏差后面或尺寸公差代号后面标注符号 _____。

3. 孔、轴采用包容要求时，应该使用_____来检验。它是一种没有刻度的专用计量器具。用这种量规检验工件时，只能判断_____，不能获得_____。

4. 检验工件$\phi 20H7(^{+0.021}_{0})$孔的工作量规，其通端"T"应按_____尺寸设计；止端"Z"应按_____尺寸设计。

第 7 章　尺寸误差的检测

7.1　测量基本知识

在工业生产中，测量技术是进行质量管理的重要手段，是贯彻质量标准的技术保证。测量是进行科学实验的基本手段，离开了精确的测量，科学实验就得不出正确的结论，而许多学科领域的突破，正是得益于测量技术的提高。另一方面，其他学科的发展，也为应用新的测量原理和先进的测量方法创造了条件，促进了测量技术的发展。

一、测量、检验和检测

1. 测量

在机械制造业中，测量主要是指几何参数的测量，包括长度、角度、表面粗糙度和几何误差的测量。

测量就是把被测量与具有计量单位的标准量进行比较，从而确定被测量量值的过程。被测量值为 L，计量单位为 E，则测量可用公式表示为

$$q = \frac{L}{E}$$

这个公式的物理意义说明，在被测量值 L 一定的情况下，比值 q 的大小完全取决于所采用的计量单位 E，而且成反比关系。计量单位 E 的选择取决于被测量值所要求的精确程度，则被测量值为

$$L = qE$$

即测量所得量值为用计量单位表示的被测量值的数值。任何一个测量过程必须由被测量的对象和所采用的计量单位组成。比如，被测量值 $L = 35$ mm，其中 mm 为长度计量单位，数值 35 则是以 mm 为计量单位时该测量值的数值。

一个完整的测量过程首先要建立计量单位，其次要有与被测对象相适应的测量方法，并且要达到所要求的测量精度。一个完整的测量过程中涉及被测对象、计量单位、测量方法及测量精度四个要素。

(1) 测量对象：在测量中指的是几何量，包括长度、角度、表面粗糙度以及几何误差等。由于几何量的特点是种类繁多、形式多样，因此，对于它们的特性、参数的定义，以及标准等都必须加以研究，以便进行测量。

(2) 计量单位：用以度量同类量值的标准量。在我国法定的计量单位中，长度的基本单位是米(m)，机械行业中长度的常用单位为毫米(mm)和微米(μm)；在超高精度加工中，采用纳米(nm)为单位。角度的单位为度(°)、分(′)、秒(″)，以及弧度(rad)和微弧度(μrad)。

(3) 测量方法：进行测量时所采用的测量原理、计量器具和测量条件的总和。根据被测对象的特点，如精度、大小、轻重、材质、数量等来确定测量方案、选择计量器具并规定测量条件。

(4) 测量精度：测量结果与真值的一致程度。由于测量过程中会不可避免地出现测量误差，误差大，说明测量结果离真值远、精度低。不知道测量精度的测量结果是没有意义的。测量结果只是在一定范围内近似于真值，对于每一个测量过程的测量结果，都应该给出一定的测量精度。测量误差的大小反映了测量精度的高低，误差越大，精度越低；误差越小，则测量精度越高。

2. 检验

检验即判断被测量是否在规定的极限范围之内，即判断产品是否合格的过程。测量是将被测量与测量单位相比较并得到比值的过程，而检验只是判断测量值是否达到了预期的要求，也就是说检验仅仅判断工件是否合格，比如用量规对工件进行检测时，只能判断是否合格，不能得到具体的数值。

3. 检测

检测是检验和测量的总称。机械检测的内容涉及机械设计、机械制造、质量控制与生产管理等多方面标准及技术。机械检测技术为产品质量提供保障，是生产中不可或缺的重要环节，是保证产品精度和实现互换性生产的重要前提，是贯彻质量标准的重要技术手段。检测能够评定产品质量，分析出现不合格产品的原因，及时调整生产加工工艺，优化加工方法，降低成本，还能为 CAD、CAM 逆向工程提供数据服务。

二、测量误差的定义

测量中，无论使用多么精确的计量器具，采用多么可靠的测量方法，进行多么仔细的测量，都不可避免地会产生误差。如果被测量的真值为 L，被测量的测量值为 l，则测量误差 δ(也称绝对误差)为

$$\delta = l - L$$

在测量中，虽然真值不能得到，但往往要求分析或估算测量误差的范围，即求出真值 L 必落在测量值 l 附近的最小范围，称之为测量极限误差 δ_{lim}，它应满足

$$l - |\delta_{lim}| \leqslant L \leqslant l + |\delta_{lim}|$$

由于 l 可大于或小于 L，因此 δ 可能是正值，也可能是负值，即

$$L = l \pm |\delta|$$

绝对值 δ 的大小反映了测量值 l 和真值 L 的偏离程度，决定了测量的精确度(测量精度)。$|\delta|$ 越小，l 偏离 L 越小，测量精度越高；反之，测量精度越低。因此，要提高测量的精度，就要从各个方面寻找有效措施来减少测量误差。

对同一尺寸的测量，可以通过绝对误差 δ 的大小来判断测量精度的高低。但对不同尺

寸的测量，就要用测量误差的另一种表示方法，即相对误差的大小来判断测量精度。

相对误差 δ_r 是指测量的绝对误差 δ 与被测量真值 L 之比，通常用百分数表示，即

$$\delta_r = \frac{l-L}{L} = \frac{\delta}{L} \times 100\% \approx \frac{\delta}{l} \times 100\%$$

从式中可以看出，δ_r 是无量纲的量。

绝对误差和相对误差都可以用来判断计量器具的精确度，因此，测量误差是评定计量器具和测量方法在测量精度方面的定量指标，每一种计量器具都具有这种指标。

在实际生产中，为了提高测量精度，就应该减小测量误差，而要减小测量误差，就必须了解误差产生的原因、变化规律及误差的处理方法。

由于真值不可能确切获得，因此实际工作中可将比被测值可信度(精度)更高的值作为其当前测量值的"真值"。

三、测量误差的来源

在机械制造中，为了保证机器能装配调试成功，实现其使用功能和正常运行，必须对组成机器的各零件的加工工艺过程进行控制，其中就要对零件进行测量，以保证各零件的尺寸都在其要求的范围内。但是在测量过程中，由于各种因素会造成少许误差，了解这些因素并有效解决，可使整个测量过程中的误差减至最小。测量误差产生的原因很多，概括起来主要有计量器具误差、基准件误差、调整误差、测量方法误差、测量力误差、测量环境误差和人为误差等。

1. 计量器具误差

计量器具误差是指计量器具因设计、制造和装配调整不准确而产生的误差，分为设计原理误差、仪器制造和装配调整误差。例如，仪器读数装置中刻线尺、刻度盘等的刻线误差和装配时的偏斜或偏心引起的误差，仪器传动装置中杠杆、齿轮副、螺旋副的制造以及装配误差，光学系统的制造、调整误差，传动件间的间隙及导轨的平面度、直线度误差，计量器具各零部件本身的制造误差、变形和磨损引起的误差，都属于仪器制造和装配调整误差。对于仪器制造和装配调整误差，由于影响因素很多，情况比较复杂，因此难以消除；最好的方法就是在使用中对一台仪器进行鉴定，掌握它的示值误差，并列出修正表，以消除其误差；另外，还可采用多次测量的方法来减小其误差。

2. 基准件误差

基准件误差是指作为基准件的量块或标准件等本身存在的制造误差和使用过程中因磨损而产生的误差。特别是进行相对测量时，基准件的误差会直接反映到测量结果中。因此，在选择基准件时，一般都希望基准件的精度高一些，但是基准件的精度太高也不经济。为此，生产实践中一般选择的基准件其误差占总测量误差的 1/5～1/3，并且要经常检验基准件。

3. 调整误差

调整误差指测量前未能将计量器具或被测工件调整到正确位置(或状态)而产生的误差，如用未经调整或未调零位的百分表测量工件而产生的零位误差。

4. 测量方法误差

测量方法误差指测量时选择的测量方法不完善(包括工件安装不合理、测量方法选择不当、计算公式不准确等)或对被测对象认识不够全面而引起的误差。例如,测量大型工件的直径时,可以采用直接测量法,也可以采用测量弦长和弓高的间接测量法,其测量误差是不相同的。

5. 测量力误差

测量力误差指在接触测量中,测量力使得计量器具和被测工件产生弹性变形而产生的误差。为了保证测量结果可靠,必须控制测量力的大小并保持恒定,特别是在精密测量中尤为重要。测量力过小,则不能保证测头与被测工件可靠接触而产生误差;测量力过大,则使测头和被测工件产生变形,也会产生误差。一般计量器具的测量力大都控制在 2 N 之内,高精度计量器具的测量力控制在 1 N 之内。

6. 环境误差

环境误差指测量时的环境条件不符合标准条件所引起的误差,包括温度、湿度、气压、振动、灰尘等因素引起的误差。其中温度因素是主要的,其余因素仅在精密测量时才考虑。一般高精度测量均应在恒温、恒湿、无灰尘、无振动的条件下进行。另外,局部热源的影响也必须注意,如光源的照射、人的体温以及呼出的气体等。

7. 人为误差

人为误差指由测量人员的主观因素(如技术熟练程度、工作疲劳程度、测量习惯、思想情绪等)引起的误差。例如,计量器具调整不正确、瞄准不准确、估读等都会造成测量误差。人为因素所造成的误差包括误读、误算和视差等。其中,误读常发生在游标卡尺、千分尺等量具的测量过程中。游标卡尺刻度易造成误读一个最小读数,比如 10.00 mm 处常被误读成 10.02 mm 或 9.98 mm;再如,千分尺的读数经常有 0.5 mm 的误读,如 10.20 mm 处常被误读成 10.70 mm 或 9.70 mm。误算常为计算错误或输入数据错误。视差产生于读取测量值的方向不同或刻度面不在同一平面,两刻度面相差 0.3~0.4 mm。

总之,产生测量误差的因素很多,分析误差时,应找出产生误差的主要因素,采取相应的预防措施,设法消除或减小其对测量结果的影响,以保证测量结果的准确。

四、测量误差的分类

对测量误差进行分类首先要假设两个条件,一个是测量条件相同,另一个是对某一量进行了一系列的测量,并在此基础上分析了出现误差的数值、符号及变化规律。测量误差可分为三大类,即系统误差、随机误差和粗大误差。

1. 系统误差

在同一测量条件下,多次测量同一量值时,误差的绝对值和符号保持恒定,或者当条件改变时,其值按某一确定的规律变化的误差,称为系统误差。所谓规律,是指这种误差可以归结为某一个因素或几个因素的函数,这种函数一般可用解析公式、曲线或数表来表示。系统误差按其出现的规律又可分为常值系统误差和变值系统误差。

(1) 常值系统误差(即定值系统误差):在相同测量条件下,多次测量同一量值时,其大小和方向均不变的误差，如基准件误差、仪器的原理误差和制造误差等。

(2) 变值系统误差(即变动系统误差)：在相同的测量条件下，多次测量同一量值时，其大小和方向按一定规律变化的误差，例如温度均匀变化引起的测量误差(按线性变化)、刻度盘偏心引起的角度测量误差(按正弦规律变化)等。

当测量条件一定时，系统误差就获得了一个客观的定值，采用多次测量后再平均的方法是不能减弱它的影响的。

从理论上讲，系统误差是可以消除的，特别是常值系统误差，它易于被发现并能够消除或减小。但在实际测量中，系统误差不一定能完全消除，且消除系统误差也没有统一的方法，特别是对变值系统误差来说，只能针对具体情况采用不同的处理方法。对于那些未能消除的系统误差，在规定允许的测量误差时应予以考虑。

2. 随机误差

在相同的测量条件下，多次测量同一量值时，其绝对值大小和符号均以不可预知的方式变化的误差，就是随机误差(偶然误差)。所谓随机，是指误差的存在以及其大小和方向不受人的支配和控制，即单次测量之间无确定的规律，不能用前一次的误差来推断后一次的误差。但是对多次重复测量的随机误差按概率与统计方法进行统计分析后可以发现，它们是有一定规律的。通过多次等精度重复测量，可找到随机误差的变化范围。随机误差主要是由一些随机因素如计量器具的变形、测量力的不稳定、温度的波动、仪器中油膜的变化以及读数不准确等引起的。

3. 粗大误差

粗大误差是指由于测量不正确等引起的测量结果明显歪曲的误差或大大超出规定条件下预期的误差。粗大误差主要是由于测量的操作方法不正确和测量人员的主观因素造成的，如测量人员工作上的疏忽、经验不足、过度疲劳、外界条件的大幅度突变(如冲击振动、电压突降)等引起的误差，具体如读错数值、记录错误、计量器具测头残缺等。一个正确的测量，不应出现粗大误差，所以在进行误差分析时，主要分析的是系统误差和随机误差，并应剔除粗大误差。在测量过程中，一旦发现粗大误差，应及时更正或重测。

系统误差和随机误差也不是绝对的，它们在一定条件下可以相互转化。例如线纹尺的刻度误差，对线纹尺制造厂来说是随机误差，但如果以某一根线纹尺为基准成批测量别的工件，则该线纹尺的刻度误差就成为被测零件的系统误差。

五、测量精度

精度和误差是相对的概念。误差指测量结果偏离真值的程度。测量精度指测量的结果相对于被测量真值的偏离程度，是反映测量结果与真值接近程度的量，即

$$精度 = \frac{正确的测量值 - 真实值}{真实值}$$

在测量中，任何一种测量结果的精确程度都只能是相对的，皆不可能达到绝对精确，总会存在各种原因导致的误差。为使测量结果准确可靠，尽量减少误差，提高测量精度，必须充分认识测量可能出现的误差，以便采取必要的措施来加以克服。

由于误差分为系统误差和随机误差，因此，笼统的精度概念已不能反映上述误差的差

异，需要引入以下概念。

1. 正确度

正确度是指由大量测试结果得到的平均数与真值(接受参照值)间的一致程度。正确度的度量通常用"偏倚"(Bias)表示。偏倚指测量结果的期望值(平均值)与接受参照值之差，平均值和真值越接近，正确度越高。正确度用来描述系统误差对测量结果的影响程度。系统误差越小，则正确度越高，如图 7.1 所示。

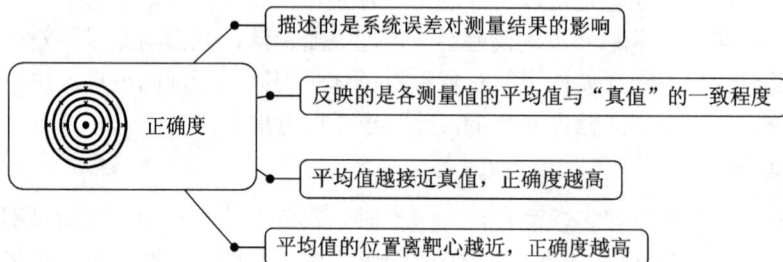

描述的是系统误差对测量结果的影响

反映的是各测量值的平均值与"真值"的一致程度

平均值越接近真值，正确度越高

平均值的位置离靶心越近，正确度越高

图 7.1　正确度

2. 精密度

精密度是指在规定条件下，独立测量结果间的一致程度。它与真值或接受参照值无关。精密度用来描述随机误差对测量结果的影响程度。随机误差越小，精密度越高，如图 7.2 所示。

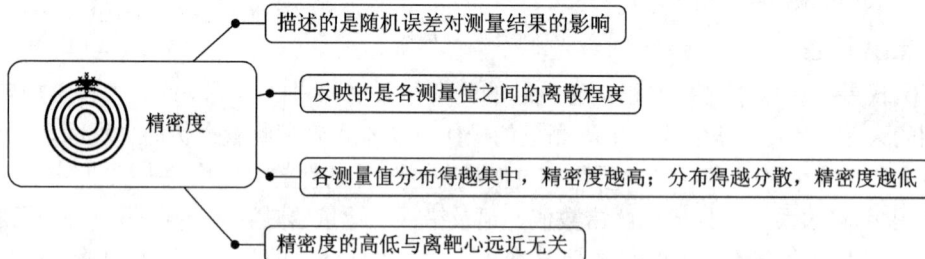

描述的是随机误差对测量结果的影响

反映的是各测量值之间的离散程度

各测量值分布得越集中，精密度越高；分布得越分散，精密度越低

精密度的高低与离靶心远近无关

图 7.2　精密度

3. 准确度

准确度是指测量结果与被测量真值或约定真值间的一致程度。准确度常用误差表示。它用来描述系统误差和随机误差对测量结果的综合影响程度，如图 7.3 所示。

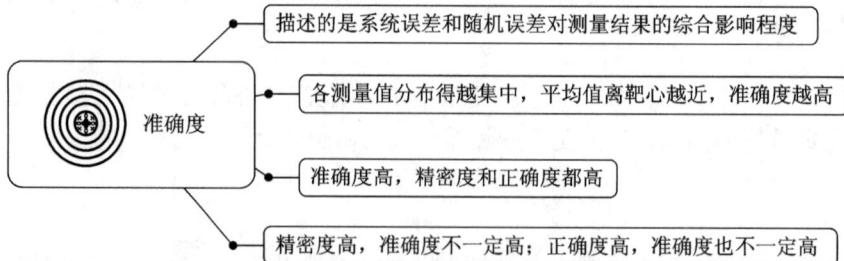

描述的是系统误差和随机误差对测量结果的综合影响程度

各测量值分布得越集中，平均值离靶心越近，准确度越高

准确度高，精密度和正确度都高

精密度高，准确度不一定高；正确度高，准确度也不一定高

图 7.3　准确度

分析测量数据的优劣，可用打靶作比喻，靶心为真值(True Value)，射击点为测量结果，分为以下几种情况：一是打得很集中，都在靶心附近；二是打得虽然集中，但都偏离靶心；

三是打得很分散，但对称地分布在靶心周围。

图 7.4 中(a)最好，各测量结果很集中，精密度高，平均值与"真值"很接近，正确度好，既精密又正确，称为准确度高。这是分析工作者所追求的。

图 7.4(b)中，各测量结果的集中程度与图(a)相同，只是整体从靶心沿半径往外平移了一大段距离，×表示的期望值(各测量值的平均值)从靶心移到从外往内第一与第二圈之间。与图 7.4 中(a)情况相比，精密度不变，正确度变差了。

图 7.4(c)是以图(a)的测试结果的靶心为中心，各自沿半径往外平移不等距离，像炸开了一样，变得很分散，与图(a)相比，正确度不变，精密度变差了。

(a) 准确度高　　　(b) 精密度高，正确度低　　　(c) 精密度低，正确度高

图 7.4　测量精度

六、随机误差的评定

评定随机误差时，通常以正态分布曲线的两个参数，即算术平均值 $\bar{L}$ 和标准偏差 σ 作为评定指标。

1. 算术平均值 $\bar{L}$

对同一尺寸进行一系列等精度测量，得到 l_1，l_2，…，l_N 一系列不同的测量值，则

$$\bar{L} = \frac{l_1 + l_2 + \cdots + l_N}{N} = \frac{\sum_{i=1}^{N} l_i}{N}$$

因为测量误差 $\delta = l - L$，所以

$$\delta_1 = l_1 - L$$
$$\delta_2 = l_2 - L$$
$$\cdots$$
$$\delta_N = l_N - L$$

将等式两边相加，得

$$\delta_1 + \delta_2 + \cdots + \delta_N = (l_1 + l_2 + \cdots + l_N) - NL$$

即

$$\sum_{i=1}^{N} \delta_i = \sum_{i=1}^{N} l_i - NL$$

将等式两边同除以 N，得

$$\frac{\sum_{i=1}^{N} \delta_i}{N} = \frac{\sum_{i=1}^{N} l_i}{N} - L = \bar{L} - L$$

即

$$L = \overline{L} - \frac{\sum\limits_{i=1}^{N} \delta_i}{N}$$

当 $N \to \infty$ 时，$\dfrac{\sum\limits_{i=1}^{N} \delta_i}{N} = 0$，则有 $L = \overline{L}$。由此可知，当测量次数 N 增大时，算术平均值 $\overline{L}$ 趋近于真值，因此用算术平均值 $\overline{L}$ 作为最后测量结果是可靠的、合理的。

算术平均值 $\overline{L}$ 作为测量的最后结果，则测量中各测得值与算术平均值的代数差叫作残余误差 v_i，即 $v_i = l_i - \overline{L}$。残余误差是由随机误差引申出来的。当测量次数 $N \to \infty$ 时，有

$$\lim_{N \to \infty} \sum_{i=1}^{N} v_i = 0$$

2. 标准偏差 σ

用算术平均值表示测量结果是可靠的，但它不能反映测得值的精度。例如有两组测量值：

第一组：12.005，11.996，12.003，11.994，12.002；

第二组：11.90，12.10，11.95，12.05，12.00。

可以算出 $\overline{L}_1 = \overline{L}_2 = 12$。但从两组数据看出，第一组测得值比较集中，第二组的比较分散，即说明第一组每一测得值比第二组的更接近于算术平均值 $\overline{L}$(即真值)，也就是第一组测得值精密度比第二组高，故通常用标准偏差 σ 反映测量精度的高低。

根据误差理论，等精度测量列中单次测量的标准偏差 σ 可用下式计算：

$$\sigma = \sqrt{\frac{\delta_1^2 + \delta_2^2 + \cdots + \delta_i^2}{N}} = \sqrt{\frac{1}{N} \sum_{i=1}^{N} \delta_i^2}$$

式中，δ_i——测量列中第 i 次测得值的随机误差，即 $\delta_i = l_i - L$。

N——测量次数。

一般随机误差主要分布在 $\delta = \pm 3\sigma$ 范围内，也就是说 δ 落在 $\pm 3\sigma$ 范围内的概率为 99.73%。

3. 标准偏差的估算值 σ

计算标准偏差 σ 必须具备三个条件，一是真值 L 必须已知，二是测量次数要无限次，三是无系统误差。但在实际测量中达到这三个条件是不可能的。因为真值 L 无法得知，则 $\delta_i = l_i - L$ 也就无法得知；测量次数也是有限量。所以在实际测量中常采用残余误差 v_i 代替 δ_i 来估算标准偏差。标准偏差的估算值 σ' 为

$$\sigma' = \sqrt{\frac{1}{N-1} \sum_{i=1}^{N} v_i^2}$$

4. 测量列算术平均值的标准偏差 $\sigma_{\overline{L}}$

标准偏差 σ 代表一组测量值中任一测得值的精密度。但在系列测量中，是以测得值的算术平均值作为测量结果的。因此，更重要的是知道算术平均值的精密度，即算术平均值的标准偏差。

根据误差理论，测量列算术平均值的标准偏差 $\sigma_{\bar{L}}$ 与测量列中任一测量值的标准偏差 σ 存在如下关系：

$$\sigma_{\bar{L}} = \frac{\sigma}{\sqrt{N}}$$

其估算值 $\sigma'_{\bar{L}}$ 为

$$\sigma'_{\bar{L}} = \frac{\sigma'}{\sqrt{N}} = \sqrt{\frac{1}{N(N-1)}\sum_{i=1}^{N} v_i^2}$$

其中，N 代表总的测量次数。

七、粗大误差的处理

粗大误差的数值比较大，会对测量结果产生明显的歪曲，因此，必须采用一定的方法进行判断并加以剔除。判断粗大误差的基本原则是，以随机误差的实际分布范围为依据，凡超出该范围的误差，就视为粗大误差。但随机误差实际分布范围与误差分布规律、标准偏差估计方法、重复测量次数等有关，因此出现了判断粗大误差的各种准则，如拉依达准则、格拉布斯准则、T 检验准则以及狄克逊准则等。下面主要介绍拉依达准则。

拉依达准则认为，当测量列服从正态分布时，残余误差超过 $\pm 3\sigma$ 的情况不会发生，故将超出 $\pm 3\sigma$ 的残余误差作为粗大误差，即

$$|v_i| > 3\sigma$$

则认为该残余误差对应的测得值含有粗大误差，在误差处理时应予以剔除。

根据以上分析，对直接测量列的综合数据处理应按表 7.1 所示的步骤进行。

表 7.1　直接测量列综合数据处理步骤

第一步	判断系统误差，确定有无系统误差，有则消除
第二步	求算数平均值 $\bar{L} = \dfrac{\sum\limits_{i=1}^{N} l_i}{N}$
第三步	计算残余误差 v_i
第四步	计算单次测量的标准偏差估计值 $\sigma' = \sqrt{\dfrac{1}{N-1}\sum\limits_{i=1}^{N} v_i^2}$
第五步	判断有无粗大误差，若有则剔除，重复计算平均值，误差超过 3σ 的剔除
第六步	求算数平均值的标准偏差的估计值 $\sigma'_{\bar{L}} = \dfrac{\sigma'}{\sqrt{N}} = \sqrt{\dfrac{1}{N(N-1)}\sum\limits_{i=1}^{N} v_i^2}$
第七步	测量结果的表示方法为 $L = \bar{L} \pm 3\sigma'_{\bar{L}}$

例 7.1　对同一轴径进行 10 次测量,测得值列于表 7.2 中,试求其测量结果。

表 7.2　某轴径测量 10 次的相关数据

序号	l_i	$v_i = l_i - \overline{L}$	v_i^2
1	30.049	+0.001	0.000001
2	30.049	−0.001	0.000001
3	30.048	0	0
4	30.046	−0.002	0.000004
5	30.050	+0.002	0.000004
6	30.051	+0.003	0.000009
7	30.043	−0.005	0.000025
8	30.052	+0.004	0.000016
9	30.045	−0.003	0.000009
10	30.049	+0.001	0.000001
	$\sum l_i = 300.48$ $\overline{L} = \dfrac{\sum l_i}{N} = 30.048$	$\sum\limits_{i=1}^{n} v_i = 0$	$\sum\limits_{i=1}^{n} v_i^2 = 0.00007$

解　(1) 判断系统误差:根据发现系统误差的有关方法判断,测量列中已无系统误差。

(2) 求算术平均值 $\overline{L}$:

$$\overline{L} = \frac{\sum\limits_{i=1}^{N} l_i}{N} = \frac{\sum\limits_{i=1}^{10} l_i}{10} = 30.048 \text{ mm}$$

(3) 计算残余误差 v_i:

$$v_i = l_i - \overline{L}$$

根据残余误差观察法进一步判断,测量列中也不存在系统误差。

(4) 计算单次测量的标准偏差估计值 σ':

$$\sigma' = \sqrt{\frac{1}{N-1}\sum_{i=1}^{N} v_i^2} = \sqrt{\frac{\sum\limits_{i=1}^{10} v_i^2}{10-1}} = \sqrt{\frac{0.00007}{9}}\text{mm} = 0.0028 \text{ mm}$$

(5) 判断粗大误差:用拉依达准则,$3\sigma' = 3 \times 0.0028$ mm $= 0.0084$ mm,而表中第二列 v_i 最大绝对值 $|v_7| = 0.005$ mm < 0.0084 mm $= 3\sigma'$,因此,测量列中不存在粗大误差。

(6) 计算测量列算术平均值的标准偏差的估计值 $\sigma'_{\overline{L}}$:

$$\sigma'_{\overline{L}} = \frac{\sigma'}{\sqrt{N}} = \frac{0.0028}{\sqrt{10}}\text{mm} = 0.00088 \text{ mm}$$

(7) 计算测量列极限误差:

$$\delta_{\lim \overline{L}} = \pm 3\sigma'_{\overline{L}} = \pm 0.0026 \text{ mm}$$

(8) 确定测量结果：

$$L = \bar{L} \pm 3\sigma_{\bar{L}}' = (30.048 \pm 0.0026) \text{ mm}$$

即该轴径的测量结果为 30.048 mm，其误差在 ±0.0026 范围的可能性达 99.73%。

7.2　检　测　流　程

一、测量方法的选择

测量方法是指完成测量任务所用的方法、量具或量仪，以及测量条件的总和。一个完善的测量方法，必然是根据被测对象、被测量的特性和精度要求采用相应的标准量，通过一套具体的结构系统来实现两者的比较，并使测量结果的测量误差不超过一定的范围。一种测量方法是整个测量过程的综合体现，包括测量原则、被测对象、被测量的特性、测量力的影响和测量环境。

测量方法是测量时所采用的测量原理、计量器具和测量条件的综合，亦即获得测量结果的方式，其分类如表 7.3 所示。

表 7.3　测量方法的分类

1	直接测量	直接得到被测量量值的测量方法，例如，用游标卡尺测量轴径
	间接测量	通过测量与被测量有函数关系的其他量，来得到被测量量值的测量方法。例如，用正弦规测量圆锥的锥度
2	绝对测量	量具和量仪的示值直接反映被测量量值的测量方法。例如，用外径千分尺测量轴径，既是直接测量，又是绝对测量
	相对测量	将被测量与一个标准量值进行比较，得到被测量与标准量的差值的测量方法。例如，在立式光学计或接触式干涉仪上检定量块
3	接触测量	量具或量仪的测头与被测件表面直接接触，并有机械作用的测力存在的测量方法
	非接触测量	不直接接触的测量。例如，气动量仪、干涉显微镜及磁力测厚仪的测量均属于非接触测量
4	单项测量	个别的彼此没有联系的测量被测件的单向参数的测量方法。例如，测量轴的轴径和长度
	综合测量	同时测量工件上的几个有关参数，从而综合判断被测件合格与否的测量方法。例如，用螺纹量规对螺纹工件的测量，齿轮啮合仪对齿轮的测量
5	主动测量	在工件加工过程中进行的测量，其测量结果直接用来控制工件的加工过程，及时防止和消除废品
	被动测量	工件加工过程中完成某一道工序或全部工序后的测量方法，仅用于发现并挑出废品

测量过程中不可避免地会存在或大或小的测量误差，使测量结果的可靠程度受到一定的影响。测量误差大，则测量结果的可靠性低；测量误差小，则测量结果的可靠性高。所以测量方法的选择原则非常重要，既要保证测量准确度，又要经济适用。

二、计量器具的选择

1. 测量不确定度

1927 年海森堡提出测量的不确定性,常称为测不准原理。20 世纪 50 至 60 年代使用过不确定度等词,1980 年国际标准化组织建议使用该词,但是尚无统一的定义。其在较长时间内使用的定义为由于测量误差的存在而对被测量量值不能肯定的程度(怀疑程度)。直至1993 年,测量不确定度才有了统一的定义,即与测量结果相关联的参数,表征合理的赋予被测量值的分散性。此参数可以是标准差(或其倍数),或是给定置信水平的区间的半宽度。

GB/Z 24637.2—2009 标准中规定,测量不确定度等于方法不确定度和测量仪器的测量不确定度之和。方法的不确定度是指一个实际规范操作集和实际检验操作集之间的差异产生的不确定度,它忽略了实际检验操作集的计量特性偏差;测量仪器的测量不确定度是指由实际检验操作集规定的测量仪器使用中的计量特性,偏离理想检验操作集规定的理想计量特性而产生的不确定度。测量不确定度是由 GPS 检验方法规定的每一实际(非理想)测量仪器产生的。当所使用的测量仪器的程序和理论正确规定的一致时,有一个小的测量不确定度。对于那种具有大的相关或规范不确定度或两者皆大的低测量不确定度的测量,测量不确定度值的影响很小。表 7.4 归纳了方法不确定度和测量仪器的测量不确定度组合的结果。

表 7.4　方法不确定度和测量仪器的测量不确定度组合的结果

	测量仪器的测量不确定度小	测量仪器的测量不确定度大
方法不确定度小	测量过程非常规范,所使用的测量仪器和理想的计量特性偏差较小	测量过程非常规范,所使用的测量仪器和理想的计量特性偏差较大
方法不确定度大	测量过程不十分符合规范,但是所使用的测量仪器和理想的计量特性偏差较小	测量过程不十分符合规范,所使用的测量仪器和理想的计量特性偏差较大

当用千分尺测量轴的方法检验轴规范 $\phi30 \pm 0.1$ 的上极限偏差时,由千分尺获得的测量值(千分尺测头不理想,例如,测头的两个测量面的平面度和相互平行度误差会导致的测量仪器的测量不确定度分量)与用理想仪器通过最小外接圆柱获得值的不同,产生该检验的测量不确定度(方法不确定度分量)。方法不确定度值的大小反映出所选择的实际检验操作集对理想检验操作集的偏离程度;即使使用理想的检测仪器,也不可能将测量不确定度降低到方法不确定度之下。

如果轴的规范表示为 $\phi30 \pm 0.1$,并且采用理想的千分尺(没有刻度误差,两个测量面是理想的平面且相互平行)检验规范的上极限偏差,然而,由于用千分尺测得的值与用理想仪器通过最小外接圆柱直径评定得到的值之间的不同,也会导致方法不确定度。

校准通常是为获取由测量仪器引起的测量不确定度的分量(测量仪器的测量不确定度)。与测量仪器不直接相关的其他因素(如环境),也可能导致测量仪器的不确定度。假如轴的标注规范表示为 $\phi30 \pm 0.1$,规范的检验仪器为千分尺,那么无论其检验的是上极限偏差(最小外接圆直径)还是下极限偏差(即两点间最小直径),测量仪器的测量不确定度仅由非理想的千分尺的测头,以及千分尺的两个测量面的平面度和平行度的误差造成。

可见，在方法不确定度和测量仪器的测量不确定度中，很难分清是前者大、后者小，还是前者小、后者大，会造成较大的测量不确定度。方法不确定度小而测量仪器的测量不确定度大时，通常被认为有较大的测量不确定度，因此测量仪器的测量不确定度对测量不确定度的影响相对要明显得多。

(1) 测量不确定度的特点：未涉及真值，未涉及误差，对已修正测量结果且无失误值而言，因知识欠缺所致，可操作性强。

(2) 测量不确定度的用途：计量测试人员、量具检定人员、检验部门技术人员、质量工程师等应掌握测量不确定度；检验机构负责人要了解测量不确定度；检验员不要求掌握测量不确定度，但是要了解它。

(3) 测量不确定度和测量误差的来源：包括被测量、计量基准或标准件、测量设备、测量方法、测量环境条件、测量人员等，涉及了人、机、料、法、环、测各个方面。其中，人指操作者对质量的认识、技术熟练程度、身体状况等；机指机器设备、测量仪器的精度和维护保养状况等；料指材料的成分、物理性能和化学性能等；法，这里包括生产工艺、设备选择、操作规程等；环指工作地的温度、湿度、照明和清洁条件等；测主要指测量时采取的方法是否标准、正确。为了对测量的不确定度与误差的概念以及相互关系理解得更加透彻，将不确定度与误差的关系归纳于表 7.5 中。

表 7.5　不确定度与测量误差的关系

比较项目	测量不确定度	测量误差
定义	对测量结果合理赋予可操作性参数的实用性概念，其值不含正、负号	基于真值定义的理想化理论性概念，其值含正、负号
分类	不分类，仅在评定方法上有 A 和 B 两类，且非 A 即 B	按性质分为随机误差和系统误差两种类型，但有时难于分清
评定	均按基于频率或信任度的概率分布所估计的标准差评定，统一、一致	有不同定量评定指标，未统一、不一致
来源	含被测量、计量基准或标准件、测量设备、测量方法、测量环境条件、测量人员等各方面的可能来源	与不确定度来源基本一致
合成	基于概率统计中方差及协方差取和原理的不确定度传递率，统一、一致	主要基于概率统计中方差及协方差取和原理，但也采用其他简化的多种误差合成方法，未统一、不一致
研究	继承、应用和发展了公认的且成熟的误差分析与估算及合成方法，并归纳与总结出按可靠信息评定不确定度大的知识和经验，而且仍在应用中深入总结和发展	已形成较完整的误差理论体系及现代化分支，且待深入发展
应用	在尽力修正已知显著系统影响及无失误观测值的前提下，统一应用"指南"所论述的评定和表示方法，以便于广泛比对	已有广泛应用于各种专业领域的多种系统误差和随机误差的评估方法，未统一、不一致

2. 计量器具的选择因素

1) 拟订测量方法时应考虑的问题

计量器具的选择主要取决于计量器具的技术指标和经济指标，具体可从以下几点综合考虑：

(1) 根据工件加工批量考虑选择计量器具：批量小，则选择通用的计量器具；批量大，则选用专用器具、检验夹具，以提高测量效率。

(2) 根据工件的结构和质量选择计量器具的形式：较小且简单的工件，可放到计量仪器上测量；重大且复杂的工件，则要将计量器具放到工件上测量。

(3) 根据工件尺寸的大小和要求确定计量器具的规格：使所选择的计量器具的测量范围、示值范围、分度值等能够满足测量要求。

(4) 根据工件的尺寸公差来选择计量器具：工件公差小，则计量器具精度要高；工件公差大，则计量器具精度应低。一般来说，应使所选用的计量器具的极限误差占被测工件公差的 1/10～1/3，其中，对于低精度的工件，选用 1/3 的；对于高精度的工件，选用 1/10 的。

(5) 根据计量器具不确定度允许值选择计量器具：在生产车间选择计量器具时，主要按计量器具的不确定允许值来选择。

国家标准 GB/T 3177—2016《产品几何技术规范(GPS) 光滑工件尺寸的检验》规定了光滑工件尺寸检验的验收原则、验收极限、计量器具的测量不确定度允许值和计量器具选用原则。该标准用于通用计量器具，如游标卡尺、千分尺及车间使用的比较仪、投影仪等量具量仪，对图样上标出的公差等级为 6～18(IT6～IT18)、公称尺寸至 500 mm 的光滑工件尺寸的检验。

2) 验收极限方式的确定

验收极限是判断所检验工件尺寸合格与否的尺寸界限。国家标准 GB/T 3177—2016《产品几何技术规范(GPS) 光滑工件尺寸的检验》规定按验收极限验收工件。验收极限可以采用下列两种方式之一确定：

(1) 验收极限是从规定的最大实体尺寸(MMS)和最小实体尺寸(LMS)分别向工件公差带内移动一个安全裕度(A)来确定的，如图 7.5 所示，其尺寸计算如表 7.6 所示。

表 7.6　验收极限尺寸的计算

孔尺寸的验收极限	上验收极限 = 最小实体尺寸(LMS) - 安全裕度(A)
	下验收极限 = 最大实体尺寸(MMS) + 安全裕度(A)
轴尺寸的验收极限	上验收极限 = 最大实体尺寸(MMS) - 安全裕度(A)
	下验收极限 = 最小实体尺寸(LMS) + 安全裕度(A)
注：A 值按工件公差 T 的 1/10 确定，见表 7.7	

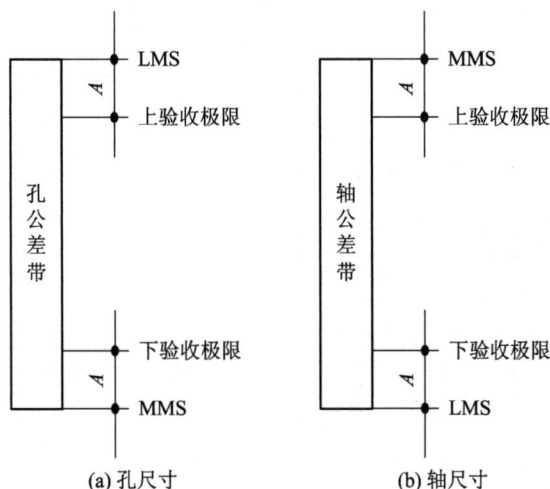

图 7.5　验收极限

(2) 验收极限等于规定的最大实体尺寸(MMS)或最小实体尺寸(LMS)，即 A 值为零。

验收极限方式的选择要结合尺寸功能要求及其重要程度、尺寸公差等级、测量不确定度和过程能力等因素综合考虑。

对遵循包容原则的尺寸、公差等级高的尺寸，其验收极限按第(1)种方式确定；当过程能力指数 $C_p \geqslant 1$ 时，其验收极限可以按第(2)种方式确定，但对遵循包容要求的尺寸，其最大实体尺寸一边的验收极限仍应按第(1)种方式确定。对非配合和一般公差的尺寸，其验收极限按第(2)种方式确定。

安全裕度 A 相当于测量中总的不确定度，包括测量器具的不确定度(约为 $0.9A$)和由于温度、压陷效应及零件形状误差等引起的不确定度(约为 $0.45A$)。

安全裕度 A 的值应从技术指标和经济指标两方面综合考虑，A 值越大，占用零件公差越多，加工的经济性越差。

按照计量器具所导致的测量不确定度(简称计量器具的测量不确定度)的允许值(μ_1)选择计量器具。选择时，应使所选用的计量器具的测量不确定度数值等于或小于选定的 μ_1。

计量器具的测量不确定度允许值(μ_1)按测量不确定度(μ)与工件公差的比例分挡；对 IT6～IT11 级分为 Ⅰ、Ⅱ、Ⅲ三挡，对 IT12～IT18 级分为 Ⅰ、Ⅱ两挡。测量不确定度(μ)的 Ⅰ、Ⅱ、Ⅲ三挡值，分别为工件公差的 1/10、1/6、1/4。计量器具的测量不确定度允许值(μ_1)约为测量不确定度(μ)的 0.9 倍，其三挡数值见表 7.7。

测量不确定度的评定推荐采用 GB/T 18779.2—2003 规定的方法，未作特别说明时，置信概率为 95%。选用计量器具的测量不确定度允许值(μ_1)时，一般情况下，优先选用 Ⅰ 挡，其次选用 Ⅱ 挡、Ⅲ挡。其选用计量器具的测量不确定度允许值(μ_1)时，千分尺、游标卡尺的测量不确定度见表 7.8，比较仪的测量不确定度见表 7.9，指示表的测量不确定度见表 7.10。

表 7.7   安全裕度(A)与计量器具的不确定度允许值(μ₁)   单位：μm

公差等级		6					7					8				
基本尺寸/mm		T	A	μ_1			T	A	μ_1			T	A	μ_1		
大于	至			I	II	III			I	II	III			I	II	III
—	3	8	0.6	0.54	0.9	1.4	10	1.0	0.9	1.5	2.3	14	1.4	1.3	2.1	3.2
3	6	8	0.8	0.72	1.2	1.8	12	1.2	1.1	1.8	2.7	18	1.8	1.6	2.7	4.1
6	10	9	0.9	0.81	1.4	2.0	15	1.5	1.4	2.3	2.4	22	2.2	2.0	3.3	5.0
10	18	11	1.1	1.0	1.7	2.5	18	1.8	1.7	2.7	4.1	27	2.7	2.4	4.1	6.1
18	30	13	1.3	1.2	2.0	2.9	21	2.1	1.9	3.2	4.7	33	3.3	3.0	5.0	7.4
30	50	16	1.6	1.4	2.4	3.6	25	2.5	2.3	3.8	5.6	39	3.9	3.5	5.9	8.8
50	80	19	1.9	1.7	2.9	4.3	30	3.0	2.7	4.5	6.8	46	4.6	4.1	6.9	10
80	120	22	2.2	2.0	3.3	5.0	35	3.5	3.2	5.3	7.9	54	5.4	4.9	8.1	12
120	180	25	2.5	2.3	3.8	5.6	40	4.0	3.6	6.0	9.0	63	6.3	5.7	9.5	14
180	250	29	2.9	2.6	4.4	6.5	46	4.6	4.1	6.9	10	72	7.2	6.5	11	16
250	315	32	3.2	2.9	4.8	7.2	52	5.2	4.7	7.8	12	81	8.1	7.3	12	18
315	400	36	3.6	3.2	5.4	8.1	57	5.7	5.1	8.4	13	89	8.9	8.0	13	20
400	500	40	4.0	3.6	6.0	9.0	63	6.3	5.7	9.5	14	97	9.7	8.7	15	22

公差等级		9					10					11				
基本尺寸/mm		T	A	μ_1			T	A	μ_1			T	A	μ_1		
大于	至			I	II	III			I	II	III			I	II	III
—	3	25	2.5`	2.3	3.8	5.6	40	4.0	3.6	6	9	60	6	5.4	9.0	14
3	6	30	3.0	2.7	4.5	6.8	48	4.8	4.3	7	11	75	8	6.8	11	17
6	10	36	3.6	3.3	5.4	8.1	58	5.8	5.2	9	13	90	9	8.1	14	20
10	18	43	4.3	3.9	6.5	9.7	70	7.0	6.3	11	16	110	11	10	17	25
18	30	52	5.2	4.7	7.8	12	84	8.4	7.6	13	19	130	13	12	20	29
30	50	62	6.2	5.6	9.3	14	100	10	9.0	15	23	160	16	14	24	36
50	80	74	7.4	6.7	11	17	120	12	11	18	27	190	19	17	29	43
80	120	87	8.7	7.8	13	20	140	14	13	21	32	220	22	20	33	50
120	180	100	10	9.0	15	23	160	16	15	24	36	250	25	23	38	56
180	250	115	12	10	17	26	185	18	17	28	42	290	29	26	44	65
250	315	130	13	12	19	29	210	21	19	32	47	320	32	29	48	72
315	400	140	14	13	21	32	230	23	21	35	52	360	36	32	54	81
400	500	155	16	14	23	35	250	25	23	38	56	400	40	36	60	90

续表

公差等级	12				13				14				15			
基本尺寸 /mm	T	A	μ_1		T	A	μ_1		T	A	μ_1		T	A	μ_1	
大于　至			I	II			I	II			I	II			I	II
— 3	100	10	9.0	15	140	14	13	21	250	25	23	38	400	40	36	60
3 6	120	12	11	18	180	18	16	27	300	30	27	45	480	48	43	72
6 10	150	15	14	23	220	22	20	33	360	36	32	54	580	58	52	87
10 18	180	18	16	27	270	27	24	41	430	43	39	65	700	70	63	110
18 30	210	21	19	32	330	33	30	50	520	52	47	78	840	84	76	130
30 50	250	25	23	38	390	39	35	59	620	62	58	93	1000	100	90	150
50 80	300	30	27	45	460	46	41	69	740	74	67	110	1200	120	110	180
80 120	350	35	32	53	540	54	49	81	870	87	78	130	1400	140	130	210
120 180	400	40	36	60	630	63	57	95	1000	100	90	150	1600	160	150	240
180 250	460	48	41	69	720	72	65	110	1150	115	100	170	1850	185	170	280
250 315	520	52	47	78	810	81	73	120	1300	130	120	190	2100	210	190	320
315 400	570	57	51	86	890	89	80	130	1400	140	130	210	2300	230	210	350
400 500	630	63	57	95	970	97	87	150	1500	150	140	230	2500	250	230	380

公差等级	16				17				18							
基本尺寸 /mm	T	A	μ_1		T	A	μ_1		T	A	μ_1					
大于　至			I	II			I	II			I	II				
— 3	600	60	54	90	1000	100	90	150	1400	140	135	210				
3 6	750	75	68	110	1200	120	110	180	1800	180	160	270				
6 10	900	90	81	140	1500	150	140	230	2200	220	200	330				
10 18	1100	110	100	170	18000	180	160	270	2700	270	240	400				
18 30	1300	130	120	200	2100	210	190	320	3300	330	300	490				
30 50	1600	160	140	240	2500	250	220	380	3900	390	350	580				
50 80	1900	190	170	290	3000	300	270	450	4600	480	410	690				
80 120	2200	220	200	330	3500	350	320	530	5400	540	480	810				
120 180	2500	250	230	380	4000	400	360	600	6300	630	570	940				
180 250	2900	290	260	440	4600	460	410	690	7200	720	650	1080				
250 315	3200	320	290	480	5200	520	470	780	8100	810	730	1210				
315 400	3600	360	320	540	5700	570	510	860	8900	890	800	1330				
400 500	4000	400	360	600	6300	630	570	950	9700	970	870	1450				

表 7.8　千分尺和游标卡尺的测量不确定度　　　　　单位：mm

尺寸范围		计量器具类型			
大于	至	分度值 0.01 外径千分尺	分度值为 0.01 的内径千分尺	分度值为 0.01 的游标卡尺	分度值为 0.05 的游标卡尺
	50	0.004	0.008	0.020	0.050
50	100	0.005	0.008	0.020	0.050
100	150	0.006	0.008	0.020	0.050
150	200	0.007	0.013	0.020	0.100
200	250	0.008	0.013	0.020	0.100
250	300	0.009	0.013	0.020	0.100
300	350	0.010	0.020	0.020	0.100
350	400	0.011	0.020	0.020	0.100
400	450	0.012	0.020	0.020	0.100
450	500	0.013	0.025	0.020	0.100

表 7.9　比较仪的测量不确定度　　　　　单位：mm

尺寸范围		所使用的计量器具			
大于	至	分度值为 0.0005 (相当于放大倍数为 2000 倍)的比较仪	分度值为 0.001 (相当于放大倍数为 1000 倍)的比较仪	分度值为 0.002 (相当于放大倍数为 400 倍)的比较仪	分度值为 0.005 (相当于放大倍数为 250 倍)的比较仪
	25	0.0006	0.0010	0.0017	0.0030
25	40	0.0007	0.0010	0.0017	0.0030
40	65	0.0008	0.0011	0.0018	0.0030
65	90	0.0008	0.0011	0.0018	0.0030
90	115	0.0009	0.0012	0.0019	0.0030
115	165	0.0010	0.0013	0.0019	0.0030
165	215	0.0012	0.0014	0.0020	0.0035
215	265	0.0014	0.0016	0.0021	0.0035
265	315	0.0016	0.0017	0.0022	0.0035

表 7.10　指示表的测量不确定度　　　　　单位：mm

尺寸范围		所使用的计量器具类			
大于	至	分度值为 0.001 的千分表(0 级在全程范围内，1 级在 0.2 mm 内)，分度值为 0.002 的千分表(在 1 转范围内)	分度值为 0.001、0.002、0.005 的千分表(1 级在全程范围内)，分度值为 0.01 的百分表(0 级在任意 1 mm 内)	分度值为 0.01 的百分表(0 级在全程范围内，1 级在任意 1 mm 内)	分度值为 0.01 的百分表(1 级在全程范围内)
	115	0.005	0.010	0.018	0.030
115	315	0.006	0.010	0.018	0.030

3) 计量器具的选择原则

大部分制造企业是根据经验来选择计量器具的。通常选择计量器具的测量极限误差占被测工件公差的 1/3～1/5 或 1/3～1/10，一些高精度工件甚至会占到 1/20。总之，没有一个统一的标准，往往因具体情况而异。

按验收原则，所用验收方法应只接收位于规定尺寸极限之内的工件。目前，大多数工厂用计量器具检测工件时，均按图样上标注的极限尺寸作为验收极限，这是一种采用验收极限与工件的极限尺寸重合的方法，但由于计量器具和测量系统都存在误差，因此任何测量方法都有可能发生一定的误判概率。如按图样上标注的极限尺寸作为验收极限，会导致验收工作时发生误判，造成质量问题或不必要的损失。

验收工件时发生的误判分为误收与误废。误收是指把尺寸超出规定尺寸极限的工件判为合格，误废是指把处在规定尺寸极限之内的工件判为废品。误收影响产品质量，误废则会造成经济损失。合理选择计量器具，对保护产品质量、提高测量效率和降低成本具有重要意义。一般来说，计量器具的选择主要取决于被测工件的精度要求，在保证精度要求的前提下，也要考虑尺寸大小、结构形状、材料与被测表面的位置，同时要考虑工件批量、生产方式和生产成本等因素。对大批量的工件，多用专用计量器具；对单件小批的工件，则多用通用计量器具。

4) 计量器具的选择步骤

(1) 计算被测件的公差 T。

(2) 根据公称尺寸和公差 T，得到 μ_1 和 A。

(3) 选择 μ，使 $\mu \leqslant \mu_1$。

(4) 确定验收极限并画图。

(5) 评估验收质量。

例 7.2　工件在图上的标注为 $\phi 130\text{H}9$，求安全裕度、验收极限，并确定计量器具。

(1) 安全裕度：根据 $\phi 130\text{H}9$，查阅手册得到工件公差 $T = 100\ \mu\text{m}$，安全裕度 $A = 10\ \mu\text{m}$，计量器具的不确定度允许值 I 挡 $\mu_1 = 0.009\ \mu\text{m}$。

(2) 验收极限：

$$上验收极限 = 最小实体尺寸 - 安全裕度\ A$$
$$= 最大实体尺寸 + 工件公差\ T - 安全裕度\ A$$
$$= 130 + 0.1 - 0.01$$
$$= 130.09\ \text{mm}$$
$$下验收极限 = 最大实体尺寸 + 安全裕度\ A = 130 + 0.01 = 130.01\ \text{mm}$$

(3) 计量器具的选择：根据工件尺寸 $\phi 130\ \text{mm}$，由手册可知，分度值为 $0.01\ \text{mm}$ 的内径千分尺的不确定度为 $0.008\ \text{mm}$，小于 $\mu_1 = 0.009\ \mu\text{m}$，可以选用。

三、测量基面的选择

如果测量基面(或基线)选择不当，则会给测量带来附加误差。选择测量基面时，应使设计基面、工艺基面、装配基面统一，这样就能较经济地提高测量精度，避免因精度不一而带来的附加误差。基面统一原则不仅用在产品测量中，对于产品设计、制造以及测量仪器设计也同样适用。

当工艺基面与设计基面不一致时，应遵守下列原则：

(1) 在工序与工序之间检验时，测量基面应与工艺基面一致。

(2) 在终结检验时，测量基面应与装配基面一致。

辅助基面的选择原则如下：

(1) 选择精度较高的尺寸或尺寸组(如尺寸较长的尺寸组)作为辅助基面。当没有合适的辅助基面时，应事先加工一个辅助基面作为测量基面。

(2) 应选择稳定性较好且精度较高的尺寸作为辅助基面。

(3) 当被测参数较多时，应在精度大致相同的情况下，选择各参数之间关系较密切的、便于控制其他参数的参数(或尺寸)作为辅助基面。

四、定位方式的选择

根据被测件几何形状和结构形式来选择定位方式，其选择原则如下：

(1) 对平面，可用平面或三点支承定位。

(2) 对球面，可用平面或 V 形块定位。

(3) 对外圆柱表面，可用 V 形块或顶尖、自定心卡盘定位。

(4) 对内圆柱表面，可用芯轴、内自定心卡盘定位。

五、测量条件的控制

测量条件主要是指测量时的温度、湿度、振动、灰尘、腐蚀性气体等客观条件。其中温度对测量精度影响最大，特别是绝对测量。

1. 温度条件

减小或消除温度误差的主要途径有：

(1) 选择与被测工件线膨胀系数一致或相近的计量器具进行测量。

(2) 经定温后进行测量。如果被测工件与检具的线膨胀系数相同，则将被测工件和检具置于同一温度下，经过一定时间，使二者与周围的温度相一致，然后再进行测量。

(3) 在标准温度下进行测量。GB/T 19765—2005《产品几何量技术规范(GPS) 产品几何量技术规范和检验的标准参考温度》规定：产品几何量技术规范和检验的标准参考温度为20℃。标准参考温度适用于 GPS 规范，即在标准参考温度下确定和规范全部的 GPS 特征。在不确定的温度下测量和温度不是在标准参考温度下的测量，会对测量结果的不确定性评定产生影响，并在测量结果中导致系统误差。

测量时，应在恒温室内定温一定的时间，如果被测工件的线膨胀系数与计量器具的线膨胀系数相同，可以偏离 20℃或按以下要求执行：

(1) 高精度测量应在$(20 \pm (0.1 \sim 0.5))$℃温度下进行。

(2) 中等精度测量应在(20 ± 2)℃温度下进行。

(3) 一般精度测量应在(20 ± 5)℃温度下进行。

2. 数值修约

数值修约是通过省略原数值的最后若干位数字，调整所保留的末位数字，使最后所得到的值最接近原数值的过程。经数值修约后的数值称为原数值的修约值。

在测量中，由于存在测量误差，测得值只能是被测量真值的近似值。一般情况下，对于一个正确的测量数据，只允许其最后一位数字是不可靠的，并不是一个数值小数点后的位数越多越准确；也不是在测量过程中，测量结果中保留的位数越多就越准确。因此，测量过程中的读数和取数就非常重要。正确的读法是：除最后一位数字是可疑的、不准确的或不可靠的外，其余各位数字都应该是准确的。例如，用分度值为 0.01 mm、示值范围是 25～50 mm 的外径千分尺测量某零件的宽度 40 ± 0.02 mm，读数可能是 40.025 mm、40.023 mm、40.026 mm，而 40.02 mm 是准确的，最后一位数字 5、3、6 则是估读的。一般认为，最后一位数字上下可能有一个单位的出入，其绝对误差不大于末位数上的半个单位。

由此可见，测量过程中的读数必须进行修约，同时在检验中出现靠近临界值的数据中，应进行必要的重复检测，以验证检测的准确性，并应做好检测的原始记录。

7.3　量　　块

量块又称块规，它是无刻度的平面平行端面量具，除了作为长度基准的传递媒介外，还可以在生产中被用来检定和校准测量工具或量仪，相对测量时用来调整量具或量仪的零位，有时还可以直接用于精密测量、精密划线和精密机床的调整。"研合性"是量块重要的一种特性。量块的测量面经精密研磨加工而高度光洁，当将两块量块或量块同平晶的测量面互相接触用力推合时，两者间便能产生一定吸引力，会使两者彼此紧密地贴附在一起，这种特性就叫研合性。

一、量块的形状、材质和尺寸

量块的形状有长方体和圆柱体两种，常用的是长方体，有 2 个平行的测量面和 4 个非测量面，如图 7.6(a)所示，其中测量面极其光滑、平整，其表面粗糙度为 $Ra = 0.008～0.012\ \mu m$。

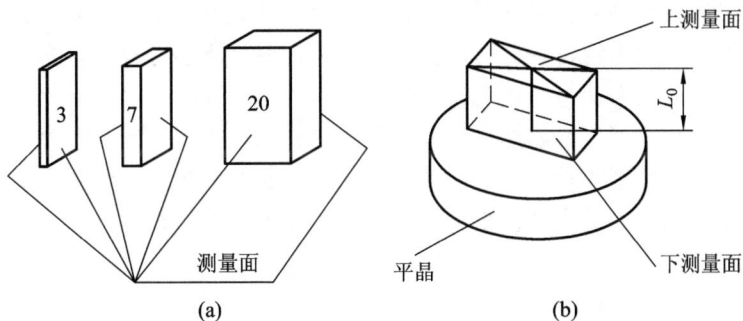

图 7.6　量块

量块通常用线膨胀系数小、性能稳定、耐磨、不易变形的材料制成，如铬锰钢等。

量块的工作长度是指两测量面之间的距离，如图 7.6(b)中的 L_0。标称长度小于等于

5.5 mm 的量块，其标称长度值刻印在上测量面上；大于 5.5 mm 的量块，其标称长度值刻印在上测量面的左侧平面上。标称长度小于等于 10 mm 的量块，其截面尺寸为 30 mm × 9 mm，标称长度大于 10 mm 至 1000 mm 的量块，其截面尺寸为 35 mm × 9 mm。

二、量块的精度等级

虽然量块的精度极高，但是两个工作面也不是绝对平行的，量块的有关尺寸如图 7.7 所示，尺寸参数定义如下：

(1) 量块长度 l：量块一个测量面上的任一点到与其相对的另一测量面相研合的辅助体表面之间的垂直距离。量块最长的长度为 l_{max}，量块最短的长度为 l_{min}。

(2) 量块中心长度 l_c：上测量面的中心点到下测量面之间的垂直距离。此长度为量块的工作尺寸。

(3) 量块标称长度 l_n：标记在量块上，用以表明其与主单位(m)之间关系的量值，也称为量块长度的示值。

(4) 量块长度变动量 V：量块测量面上最大量块长度 l_{max} 和最小量块长度 l_{min} 之差。

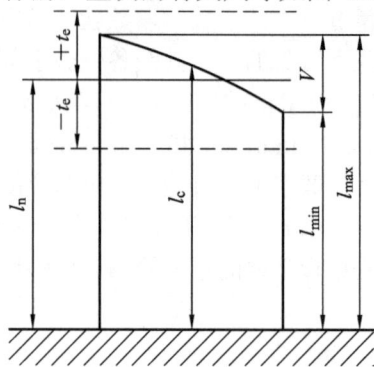

图 7.7　量块的尺寸定义

(5) 量块长度极限偏差 t_e：量块标称长度变动量允许的极限值。

按国标 GB/T 6093—2001 规定，量块按制造精度分为 6 级，即 00、0、1、2、3 和 K 级，其中 00 级精度最高，3 级精度最低，K 级为校准级。量块分"级"主要是根据量块长度极限偏差 V、量块长度变动量允许值、测量面的平面度、量块测量面的表面粗糙度及量块的研合性来划分的。

量块按"级"使用时，是以标记在量块上的标称尺寸作为工作尺寸，该尺寸包含了量块实际制造误差，因为即使高精度量块在使用一段时间后，也会因磨损而引起尺寸减小，所以按"级"使用量块，必然要引入量块本身的制造误差和磨损引起的误差。因此，需要定期检定出全套量块的实际尺寸，再按检定的实际尺寸来使用量块，这样比按标称尺寸使用量块的准确度高。按照 JJG146—2011《量块检定规程》的规定，量块按其检定精度分为五等，即 1、2、3、4、5 等，其中 1 等精度最高，5 等精度最低。按"等"使用时，则以量块检定后给出的实测中心长度为工作尺寸，该尺寸不包含制造误差，但是包含了量块检定时的测量误差。一般来说，检定时的测量误差要比制造误差小得多，所以量块按"等"使用时其精度比按"级"使用时要高。

量块的"级"和"等"是表达精度的两种方式。我国在进行长度尺寸传递时用"等"，工厂在精密测量中也常用"等"使用量块，除了可以提高精度外，还能延长量块的使用寿命，因为磨损超过极限的量块经修复和检定后仍可作为"等"使用。

三、量块的特性和选用

量块的基本特性除了稳定性、耐磨性和准确性之外，还有一个重要的特性，即研合性。研合性是两个量块的测量面相互接触，在不大的压力下作切向相对滑动就能贴附在一起的性质。利用这个特性，就可以把量块研合在一起，组成所需要的各种尺寸。我国生产的成套量块有 91 块、83 块、46 块、38 块等几种规格，如表 7.11 所示。

表 7.11　成套量块尺寸(摘自 GB/T 6093—2001)

套别	总块数	级别	尺寸系列/mm	间隔/mm	块数
1	91	0，1	0.5	—	1
			1	—	1
			1.001，1.002，…，1.009	0.001	9
			1.01，1.02，…，1.49	0.01	49
			1.5，1.6，…，1.9	0.1	5
			2.0，2.5，…，9.5	0.5	16
			10，20，…，100	10	10
2	83	0，1，2	0.5	—	1
			1	—	1
			1.005	—	1
			1.01，1.02，…，1.49	0.01	49
			1.5，1.6，…，1.9	0.1	5
			2.0，2.5，…，9.5	0.5	16
			10，20，…，100	10	10
3	46	0，1，2	1	—	1
			1.001，1.002，…，1.009	0.001	9
			1.01，1.02，…，1.09	0.01	9
			1.1，1.2，…，1.9	0.1	9
			2，3，…，9	1	8
			10，20，…，100	10	10
4	38	0，1，2	1	—	1
			1.005	—	1
			1.01，1.02，…，1.09	0.01	9
			1.1，1.2，…，1.9	0.1	9
			2，3，…，9	1	8
			10，20，…，100	10	10
5	10^-	0，1	0.991，0.992，…，1	0.001	10
6	10^+	0，1	1，1.001，…，1.009	0.001	10
7	10^-	0，1	1.991，1.992，…，2	0.001	10
8	10^+	0，1	2，2.001，2.002，…，2.009	0.001	10

在组合量块时，为了减小量块组合的累计误差，应尽量减少使用的块数，一般不超过

4 块。在选用量块时，应从所需组合尺寸的最后一位数开始，每选一块至少应减去所需尺寸的一位尾数。例如，从 83 块一套的量块中选取尺寸为 27.385 mm 的量块组，选取方法如图 7.8 所示。

```
  27.385      所需尺寸
-  1.005      第一块量块尺寸
  26.380
-  1.38       第二块量块尺寸
  25.000
-  5          第三块量块尺寸
  20          第四块量块尺寸
```

图 7.8　量块的组合

四、量块的应用

量块是长度计量的量值传递系统中的标准器，用于检定低一等的量块、千分尺、卡尺、比较仪和一些光学量仪等，也常和比较仪一起利用相对法测量工件尺寸，量块和量块附件可以一起组成不同尺寸，用于检验一些内、外尺寸，例如孔径、孔距等；配以划线爪，还可以进行钳工精密划线等工作。量块的主要用途有：

(1) 作为长度标准，传递尺寸量值。

(2) 用于检定测量器具的示值误差，如图 7.9 所示，用量块检定内径千分尺。

(3) 作为标准件，用比较法测量工件尺寸，如图 7.10 所示，或用来校准、调整测量器具的零位。

图 7.9　量块检定测量器具　　　　图 7.10　量块用比较法测量工作尺寸

(4) 直接测量零件尺寸。

(5) 用于精密机床的调整和机加工中的精密划线，如图 7.11 所示。

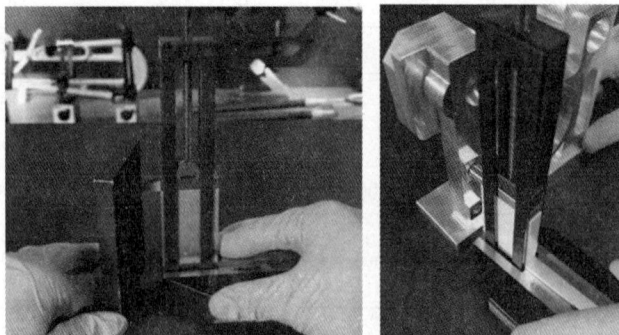

图 7.11　量块用于精密划线

7.4　游　标　卡　尺

游标卡尺是一种测量长度、内外径、深度的量具。

古代早期测量长度主要采用木杆或绳子，或用"迈步""布手"的方法；待有了长度的单位制以后，就出现了刻线直尺。这种刻线直尺在公元前 3000 年的古埃及、公元前 2000 年的我国夏商时代都已有使用，当时主要是用象牙和玉石制成的。后来出现了青铜刻线直尺，这种"先进"的测量工具较多地应用于生产和天文测量中。

在形形色色的计量器具家族中，游标卡尺作为一种被广泛使用的高精度测量工具，它是刻线直尺的延伸和拓展，它起源于中国。在北京国家博物馆中珍藏的"新莽铜卡尺"，经过专家考证，它是全世界发现最早的卡尺，制造于公元 9 年，距今 2000 多年。与我国相比，国外在卡尺领域的发明晚了 1000 多年，最早的是英国的"卡钳尺"，外形酷似游标卡尺，但是与新莽铜卡尺一样，也仅仅是一把刻线卡尺，精度较低，使用范围较窄。

最具现代测量价值的游标卡尺一般被认为是由法国人约尼尔·比尔发明的。他在其数学专著《新四分圆的结构、利用及特性》中记述了游标卡尺的结构和原理，而他的名字 Vernier 变成了英文的"游标"一词，沿用至今，然而这把赫赫有名的游标卡尺并没有被人见到，因此有人质疑他是否制成了游标卡尺。20 世纪中叶，美国机械工业快速发展，美国夏普机械有限公司创始人于 1985 年秋，成功加工出了世界上第一批 4 把 0～4 英寸的游标卡尺，其精度达到了 0.1 mm。1851 年美国 Brown & Sharpe 公司将 Nonuth 及 Vernier 两个构想变成现实，制造出第一支游标卡尺，后由德国 Mauser 兵工厂加以改良制造，成为工程上应用最广的量具。1854 年荷、法、德、英都普遍用上了游标卡尺，1856 年日本也普及了游标卡尺，游标卡尺的制造技术迅速提高，游标卡尺成为了通用性的长度量具。

1992 年 5 月在扬州市西北 8 公里的邗江县甘泉乡(今邗江区甘泉镇)顺利清理了一座东汉早期的砖室墓，从墓中出土了一件铜卡尺，此铜卡尺由固定尺和活动尺等部件构成。固定尺通长 13.3 cm，固定卡爪长 5.2 cm、宽 0.9 cm、厚 0.5 cm。固定尺上端有鱼形柄，长 13 cm，中间开一导槽，槽内置一能旋转调节的导销，循着导槽左右移动。在活动尺和活动卡爪间接一环形拉手，便于系绳或抓握。两个爪相并时，固定尺与活动尺等长。使用时，将左手握住鱼形柄，右手牵动环形拉手，左右拉动，以测工件。用此量具既可测器物的直径，又可测其深度以及长、宽、厚，均较直尺方便和精确。可惜因年代久远，其固定尺和活动尺上的计量刻度和纪年铭文，已锈蚀而难以辨认。东汉原始铜卡尺的出土，纠正了世人过去认为游标卡尺乃是欧美科学家发明的观念。

一、游标卡尺的结构

游标卡尺是利用游标读数的量具，由主尺和附在主尺上能滑动的游标尺两部分构成，如图 7.12 所示。若从背面看，游标尺是一个整体。游标卡尺可以测工件的宽度或者工件的外径，如图 7.13(a)和(b)所示；游标卡尺也可以测工件的内尺寸，如图 7.13(c)所示；深度尺与游标尺连在一起，可以测槽和筒的深度，如图 7.13(d)所示。

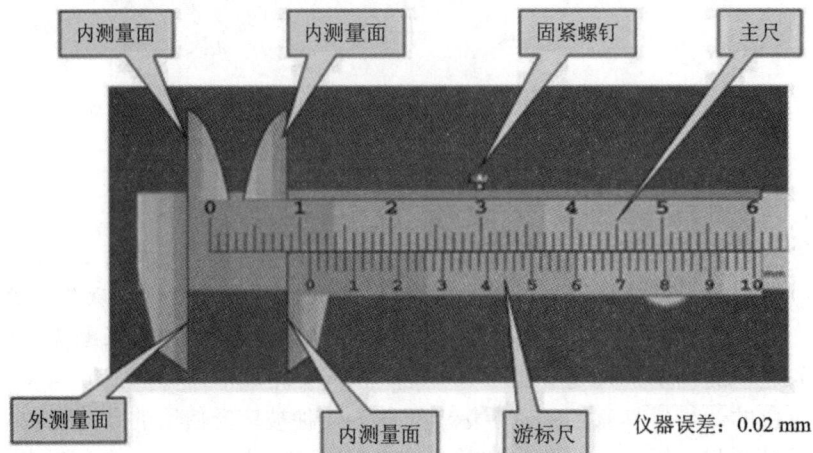

图 7.12 游标卡尺的结构

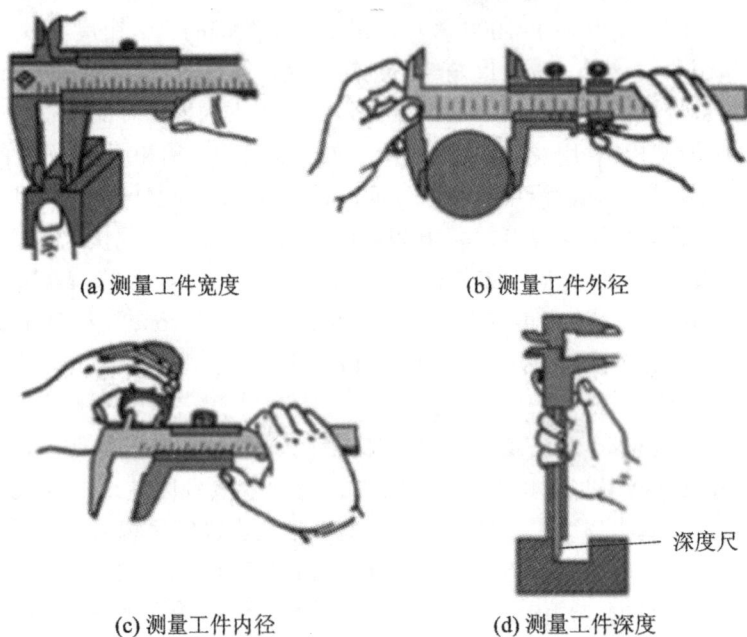

(a) 测量工件宽度   (b) 测量工件外径

(c) 测量工件内径   (d) 测量工件深度

图 7.13 游标卡尺的应用

二、游标卡尺的读数

1. 游标卡尺的分度值

在计量器具的刻度标尺上,最小格所代表的被测量的数值叫作分度值分度值又称刻度值。例如:温度计的分度值是指相邻的两条刻线(每一小格)表示的温度值,分度值的记录也要有单位。测量仪器的分度值越小,测量仪器的精密程度越高。

游标卡尺的分度值最常见的是 0.02 mm,即 1/50 mm。游标被分为 50 小格,分度值则为 0.02 mm;游标尺被分为 20 小格,分度值则为 0.05 mm。

2. 游标类量具读数原理

游标类量具的测距原理是通过主尺与游标尺的差值来得到被测尺寸的值,如图7.14所示。

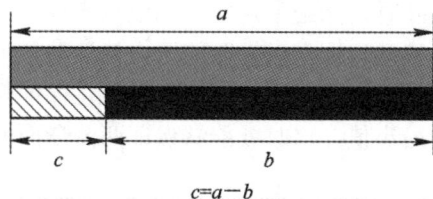

图 7.14　游标类量具的测距原理

以精度为 0.02 mm 的游标卡尺为例,根据主尺的刻度,可以知道游标刻度总长为 49 mm,游标共有 50 个小格,则每个小格的值为 0.98 mm。主尺最小刻度是 1 mm,主尺的小格比游标的小格大 0.02 mm。

当游标第一个格和主尺第一个格右对齐时,如图 7.15(a)所示,则所测尺寸数值为大格和小格之差,则 $a-b=0.02$。当游标的第二个格和主尺刻度线右对齐时,如图 7.15(b)所示,则所测尺寸数值为 $a-b$,即两个大格减两个小格,所以 $a-b=0.02\times2=0.04$。以此类推,游标卡尺的小数部分的读数规律就是游标的第几个格与主尺刻度线右对齐,假设第 N 个格与主尺刻度线右对齐,则小数部分的读数为 N 个大格减去 N 个小格,即 $N\times0.02$。

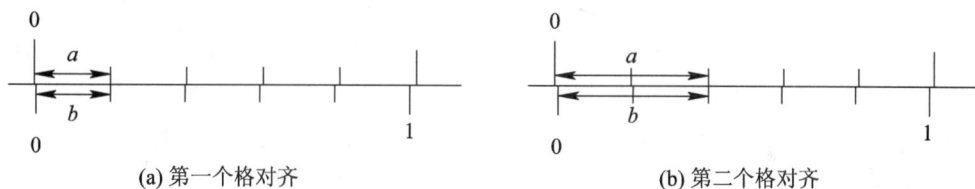

(a) 第一个格对齐　　　　　　(b) 第二个格对齐

图 7.15　游标类量具的读数原理

读数方法:

整数(主尺刻度) + 小数(游标刻度:分度值 × 右对齐刻度数)

(1) 先读整数——看游标零线的左边尺身上最靠近的一条刻线的数值,读出被测尺寸的整数部分。

(2) 再读小数——看游标零线的右边,读出游标第几条刻线与尺身刻线右对齐,读出被测尺寸的小数部分(刻线数 × 分度值)。

(3) 得出被测尺寸——整数 + 小数。

观察图 7.16 游标卡尺的读数,即为 $18+28\times0.02=18.56$,如果使用熟练,直接通过游标尺上的示数就可以迅速读出所测物体的尺寸数值。

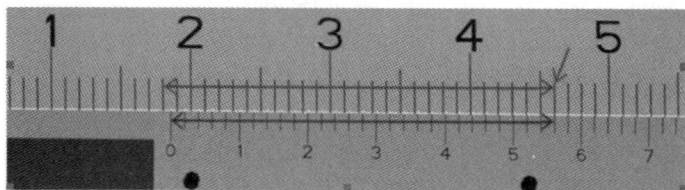

图 7.16　游标类量具的读数

三、游标卡尺测量外尺寸的方法

利用游标卡尺测量外尺寸时，先把卡尺的活动量爪张开，使量爪能自由地卡进工件，把零件贴靠在固定量爪上，移动尺框，以轻微的压力使活动量爪接触零件，同时保证卡尺两测量面的连线垂直于被测量面，不能歪斜。测量时，在保证轻微压力的前提下，手可以轻轻移动量爪，得到测量的最小值，这时就能够保证两测量面的连线垂直于被测表面，如图 7.17 所示。

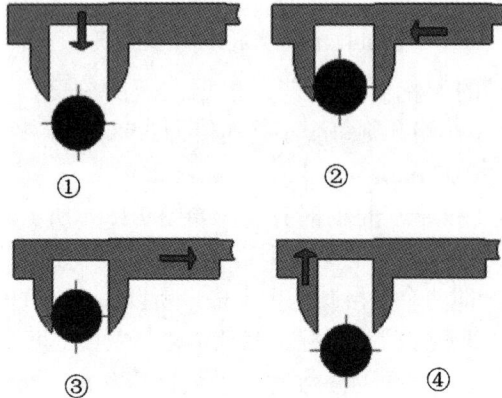

图 7.17　游标卡尺测量外尺寸

注意　在使用时，绝不可以把卡尺的两个量爪调节到接近甚至小于所测尺寸，把卡尺强制卡到零件上，将会使量爪变形，或使测量面过早磨损，使卡尺失去应有的精度。

游标卡尺的量爪有两种，一种是刀口形，另一种是平面形，在测量时要正确选用量爪。平面形适合测量圆柱形和平端面，刀口形用于测量沟槽和凹形弧面。

测量两平行平面的宽度时，应当选用平面形量爪进行测量，尽量避免用端部测量刃和刀口形量爪测量外尺寸，如图 7.18(a)所示；对于圆弧沟槽尺寸，则应当用刀口形量爪进行测量，不应当用平面形量爪进行测量，如图 7.18(b)所示。

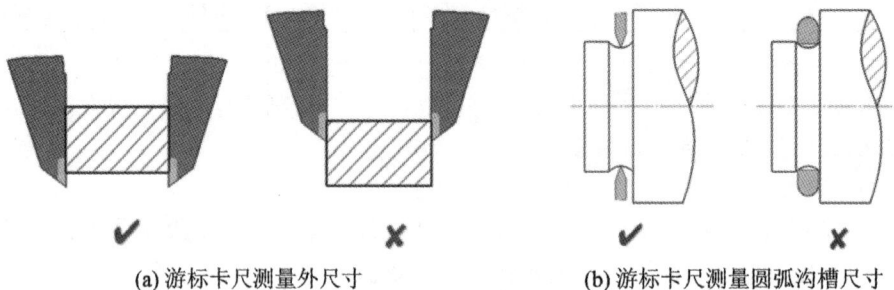

(a) 游标卡尺测量外尺寸　　　　　(b) 游标卡尺测量圆弧沟槽尺寸

图 7.18　量爪类型的选用

四、游标卡尺测量内尺寸的方法

用游标卡尺测量零件的内尺寸时，要使量爪分开的距离小于所测内尺寸；进入零件内孔后，再慢慢张开并轻轻接触零件内表面，将卡尺两测量刃放在孔的直径上，不能歪斜，如图 7.19 所示；操作时，可以缓慢转动卡尺，寻找测量的最大值，该值即为直径的位置。

卡尺读数结束后，缩小量爪距离，使卡尺离开零件的内孔。测量内尺寸的操作过程如图 7.20 所示。

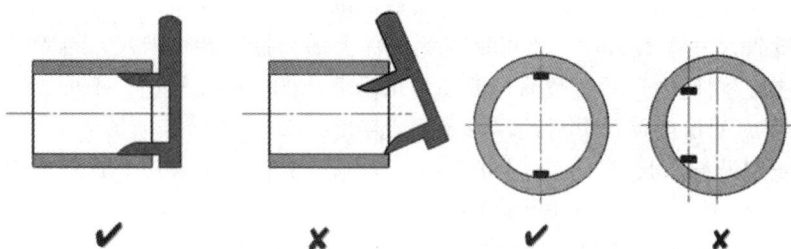

图 7.19　游标卡尺测量刃的摆放位置

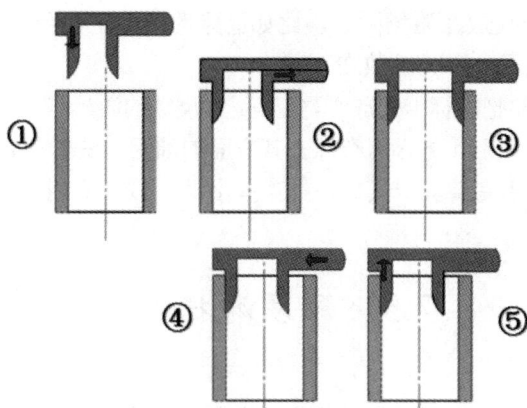

图 7.20　游标卡尺测量内尺寸

五、游标卡尺的保养维护

游标卡尺在使用中的保养维护注意事项如下：

(1) 使用前，应先把量爪和被测工件表面的灰尘和油污等擦干净，以免碰伤量爪面和影响测量精度，同时检查各部件的相互作用，如尺框和微动装置移动是否灵活，紧固螺钉能否起作用等。

(2) 使用前，还应检查游标卡尺零位。具体检查方法是，使游标卡尺两量爪紧密贴合，用眼睛观察，应无明显的光隙，同时观察游标零刻度与尺身零刻度是否对准，游标的尾刻线与尺身的相应刻线是否对准。最好把量爪闭合三次，观察各次读数是否一致。如果三次读数虽然不是"零"，但却相同，可把这一数值记录下来，在测量时加以修正。

(3) 使用时，要掌握好量爪面同工件表面接触时的压力，做到既不过大，也不过小，刚好使测量面与工件接触，同时量爪还能沿着工件表面自由滑动，有微动装置的游标卡尺则应使用微动装置。

(4) 使用电子数显卡尺前，应检查有无影响使用的外部缺陷，尺框应能沿尺身平稳移动，无卡滞和松动现象，各按钮应灵活可靠。

(5) 检查带表卡尺零位时，应移动尺框使两外测量面至正好接触时将指示表盘对零，指示表指针应位于正上方。

(6) 在读数时，应把游标卡尺水平放置并朝向光亮的一方，视线尽可能地和尺上所读的刻线垂直，以免由于视线的歪斜而引起读数误差。必要时，可用放大镜帮助读数。最好在工件的同一位置多测量几次，取其平均读数，以减小读数误差。

(7) 测量外尺寸读数后，切不可从被测工件上用力抽下游标卡尺，否则会使量爪的测量面加快磨损。测量内尺寸读数后，要使量爪沿着孔的中心线滑出，不要歪斜取出，否则将使量爪磨损、变形或使尺框滑动，影响测量精度。

(8) 不能用游标卡尺测量运动中的工件，否则容易使游标卡尺受到严重磨损，也容易发生事故。

(9) 不能以游标卡尺代替卡钳在工件上来回拖拉。在使用游标卡尺时，不可用力撞击工件，以免损坏游标卡尺。

(10) 不能将游标卡尺放在磁场附近，比如磨床的磁性工作台上，也不要将它和其他工具，如锤子、锉刀、凿子、车刀等放在一起。

(11) 测量结束后，要把游标卡尺放平，尤其是大尺寸的游标卡尺，否则尺身会弯曲变形。

(12) 游标卡尺使用完后，务必用布擦去其表面的油污、铁屑、毛刺等，因为这些物质会影响游标尺的活动。使用完游标卡尺后，擦净并上油，放在专用盒内，以避免生锈或弄脏。

7.5 深度游标卡尺

深度游标卡尺用于测量凹槽或孔的深度、梯形工件的梯层高度、长度等尺寸，简称"深度尺"，如图 7.21 所示。其读数方法和游标卡尺完全一样。

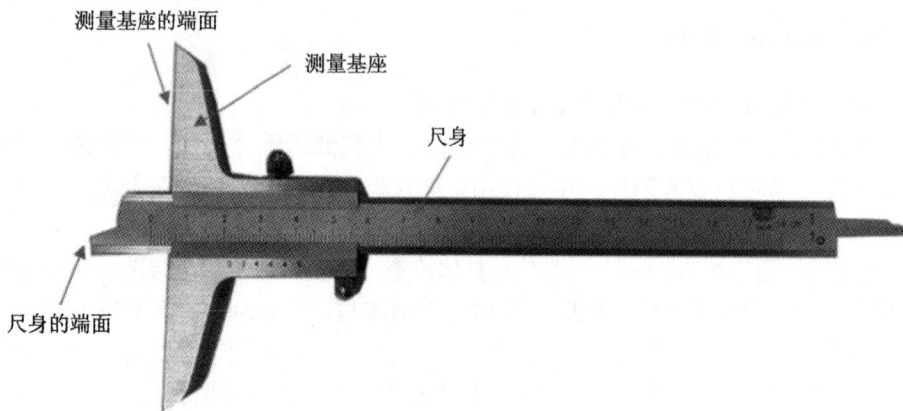

图 7.21 深度游标卡尺的结构

测量时，先把测量基座轻轻压在工件的基准面上，两个端面必须接触工件的基准面，如图 7.22(a)所示。测量轴类等台阶时，测量基座的端面一定要压紧在基准面上，如图 7.22(b)、(c)所示，再移动尺身，直到尺身的端面接触到工件的量面(台阶面)上，然后用紧固螺钉固定尺框，提起卡尺，读出深度尺寸。在进行多台阶小直径的内孔深度测量时，要注意尺身的端面是否在要测量的台阶上，如图 7.22(d)所示。当基准面是曲线时，如图 7.22(e)所示，测量基座的端面必须放在曲线的最高点上，测量出的深度尺寸才是工件的实际尺寸，否则会出现测量误差。

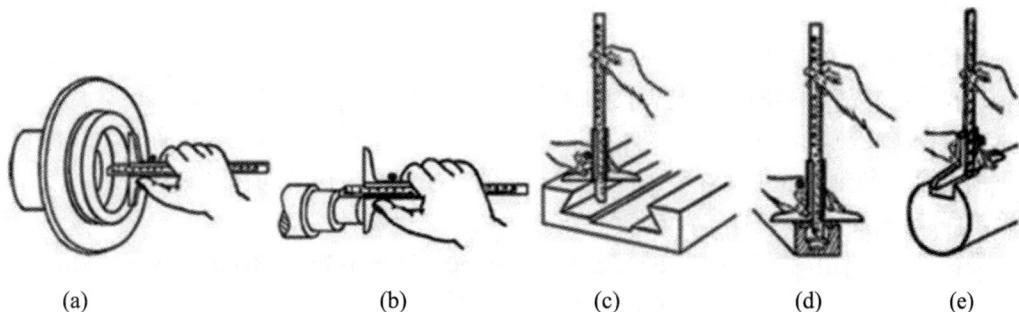

图 7.22　深度游标卡尺的使用方法

深度游标卡尺在使用中应注意以下事项：

(1) 测量前，应将被测量表面擦干净，以免灰尘、杂质磨损卡尺。

(2) 卡尺的测量基座和尺身端面应垂直于被测表面并贴合紧密，不得歪斜，否则会造成测量结果不准确。

(3) 应在足够的光线下读数，两眼的视线与卡尺的刻线表面垂直，以减小读数误差。

(4) 在机床上测量零件时，要等零件完全停稳后进行，否则不但使量具的测量面过早磨损而失去精度，且会造成事故。

(5) 当测量沟槽深度或当其他基准面是曲线时，测量基座的端面必须放在曲线的最高点上，测量结果才是工件的实际尺寸，否则会出现测量误差。

(6) 测量零件时，不允许过分地施加压力，所用压力应使测量基座刚好接触零件基准表面，尺身刚好接触测量平面。如果测量压力过大，不但会使尺身弯曲或基座磨损，还会使测量的尺寸不准确。

(7) 为减小测量误差，应适当增加测量次数，并取其平均值，即在零件的同一基准面上的不同方向进行测量。

(8) 测量温度要适宜，刚加工完的工件由于温度较高，不能马上测量，须等工件冷却至室温后再测量，否则测量误差太大。

7.6　外径千分尺

外径千分尺，也叫螺旋测微器，常简称为"千分尺"，它是比游标卡尺更精密的长度测量仪器，精度有 0.01 mm、0.02 mm、0.05 mm 等，加上估读的 1 位，可读取到小数点后第 3 位(千分位)，故称千分尺。

1848 年，法国的帕尔默(Palmer)发明外径千分尺，于 1848 年获得专利，被称为"带圆游标尺框的螺纹卡尺"。今天，仍然在利用"带圆游标尺框的螺纹卡尺"这一典型结构制造外径千分尺。千分尺引入机械世界始自两个美国工程师 Joseph R. Brown 和 Lucian Sharpe 在 1867 年对巴黎展览会的访问，他们的注意力被 Palmer 的发明所吸引，在对 Palmer 的设计加以改进之后，其产品被大批量制造，并由这两位合伙人在市场上成功推广。

一、外径千分尺的结构

外径千分尺的结构由固定的尺架、测砧、测微螺杆、固定套筒(固定刻线)、微分筒(可动刻线)、微调旋钮(棘轮)、锁紧装置(止动旋钮)等组成，如图 7.23 所示。固定套筒上有一条水平线即固定刻线，这条线上、下各有一列间距为 1 mm 的刻度线，上面的刻度线恰好在下面两个相邻刻度线中间，有零的一侧叫作整刻线，另一侧就叫作半刻线，微分筒上的刻度线(可动刻线)是将圆周分为 50 等份的水平线，它是旋转运动的。

外径千分尺常用规格有 0～25 mm，25～50 mm，50～75 mm，75～100 mm，100～125 mm 等。

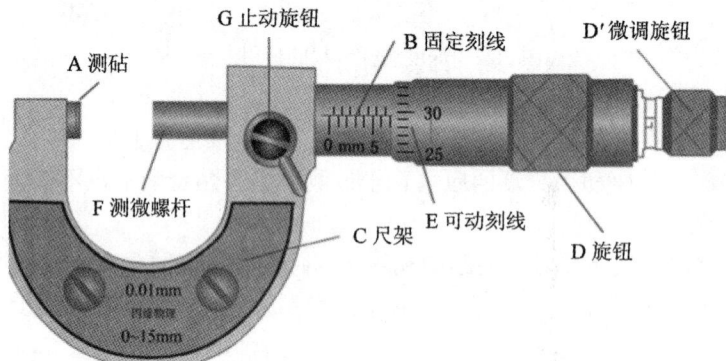

图 7.23　外径千分尺的结构

二、外径千分尺的测量原理

外径千分尺的测量原理是，根据螺旋运动原理，当微分筒(又称可动刻度筒)旋转一周时，测微螺杆前进或后退一个螺距 0.5 mm，如图 7.24 所示。这样，当微分筒旋转一个分度后，它转过了 1/50 周，这时螺杆沿轴线移动了 1/50 × 0.5 mm = 0.01 mm，因此，使用千分尺可以准确读出 0.01 mm 的数值。

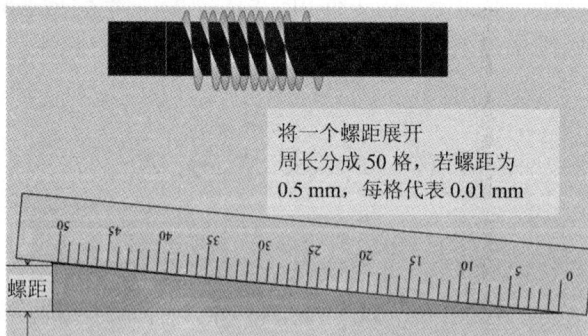

图 7.24　外径千分尺的测量原理

三、外径千分尺的读数方法

外径千分尺的读数方法如下：

首先确定可动刻线的端面在固定刻线的位置，读其左边的刻度值，如图 7.25 所示。注意，如果半刻度的线还没有露出，则代表数值没有达到半刻线 0.5 mm，则记录整数数值；

如果半刻度的线已经露出，数值则记为整数数值加上 0.5 mm。

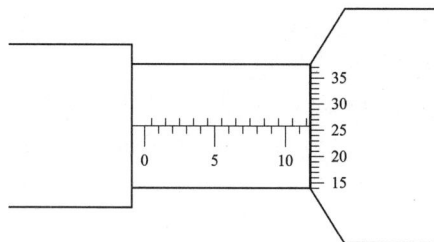

图 7.25　固定刻线的读数

　　固定刻线确定之后，再看右侧的可旋转的可动刻线的数值，从下往上依次增加，固定刻线与半刻线之间的横线所对应的可动刻线的数值乘以千分尺的分度值 0.01 即为可动刻线的数值，注意千分位的数值需要根据所在位置的比例关系进行估读，即使为零也应该有，如图 7.26(a)、(b)所示。千分尺的测量数值等于固定刻线和可动刻线数值之和。

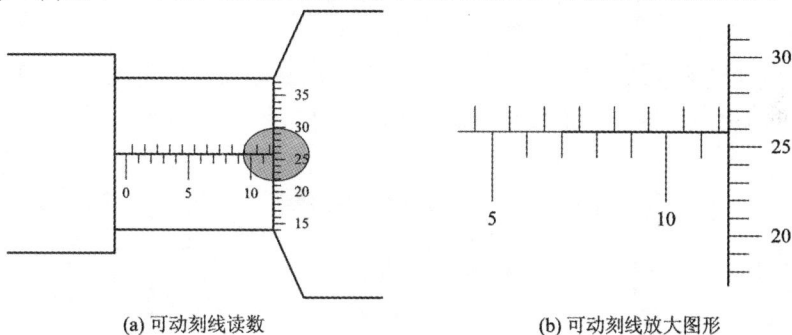

(a) 可动刻线读数　　　　　　(b) 可动刻线放大图形

图 7.26　可动刻线的读数

四、外径千分尺的使用方法

1. 外径千分尺的零位校准

　　使用外径千分尺时先要检查其零位是否校准，因此先松开锁紧装置，清除油污，特别是测砧与测微螺杆间接触面要清洗干净，然后转动螺杆，当螺杆刚好与测砧接触时会听到"喀喀"声，这时检查微分筒的端面是否与固定套筒上的零刻度线重合，如图 7.27(a)所示。如果零位不准，如图 7.27(b)、(c)所示，可动刻线的端面和固定刻线的零刻度线就不重合，可用专用扳手调整。

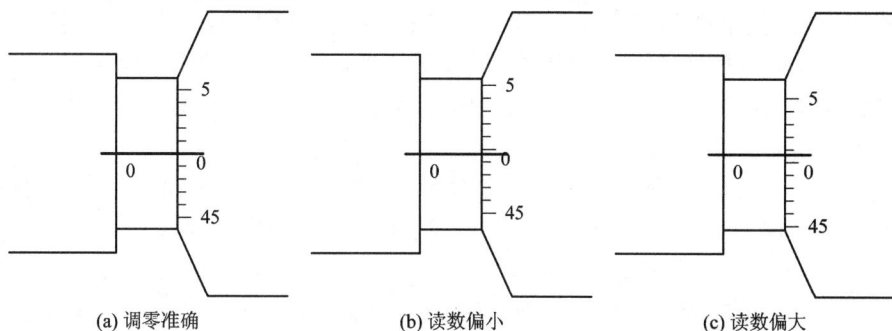

(a) 调零准确　　　　　　(b) 读数偏小　　　　　　(c) 读数偏大

图 7.27　千分尺的初始零位判断

2. 外径千分尺的使用

用外径千分尺测量工件时，两个测量面必须与千分尺的两个测砧紧密贴合，如图 7.28(a)所示；如果测量圆柱形工件，测砧需要和最大的直径位置接触，才能够测量准确；图 7.28(b)、(c)、(d)中列出了测量时的错误操作。用外径千分尺测量时，在测砧与物体快接触时改转动微调旋钮(棘轮)，这样就能够避免夹紧力过紧或过松的情况。

千分尺测量
工件

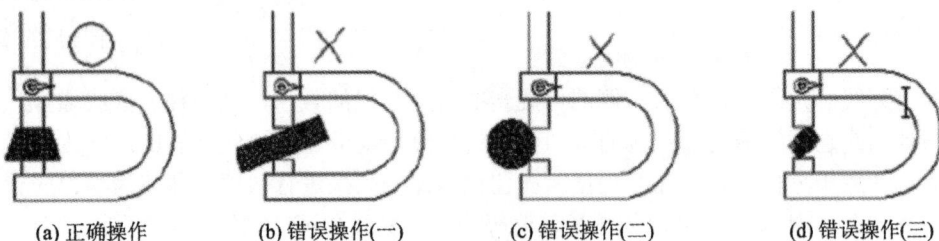

| (a) 正确操作 | (b) 错误操作(一) | (c) 错误操作(二) | (d) 错误操作(三) |

图 7.28　千分尺测量工件

将外径千分尺安装到千分尺的台架上，台架应该固定夹紧在千分尺边框的中心，但不要夹得太紧，如图 7.29(a)所示为正确装夹方式，图 7.29(b)、(c)装夹位置过高或过低，为不正确方式。

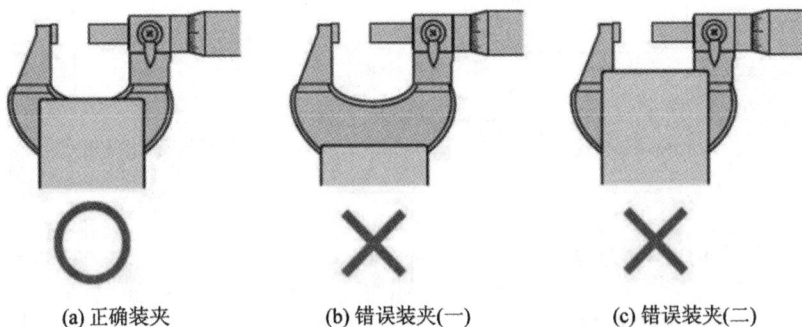

| (a) 正确装夹 | (b) 错误装夹(一) | (c) 错误装夹(二) |

图 7.29　千分尺安装到台架上

五、外径千分尺的维护保养

外径千分尺在使用中的维护保养注意事项如下：

(1) 使用前，必须校准外径千分尺的零位。对测量范围为 0～25 mm 的外径千分尺，校准零位时应使两测量面接触；对测量范围大于 25 mm 的外径千分尺，应在两测量面间安放尺寸为其测量下限的校准量块，使用测力装置转动测微螺杆，使两测量面接触，锁紧测微螺杆。若偏离零刻度线不大，用外径千分尺的专用扳手，插入固定套筒的小孔内，扳转固定套筒，使固定套筒纵刻线与微分筒上的零刻度线对准。若偏离零刻度线较大，需用螺钉旋具将固定套筒上的紧固螺钉松脱，并使测微螺杆与微分筒松动，转动微分筒，进行粗调，然后锁紧紧固螺钉，再按上述微调步骤进行微调并对准。调整零位时，必须使微分筒的棱边与固定套筒上的"0"刻线重合，同时要使微分筒上的"0"刻线对准固定套筒上的纵刻线。

(2) 使用时，应手握隔热装置。如果手直接握住尺架，会使外径千分尺和工件温度不一致，而增加测量误差。

(3) 测量时，要使用测力装置，不要直接转动微分筒使测量面与工件接触。

(4) 测量时，外径千分尺测量轴线应与工件被测长度方向一致，不要斜着测量。

(5) 外径千分尺测量面与被测工件相接触时，要考虑工件表面的几何形状，以减少测量误差。

(6) 在加工过程中测量工件时，应在静态下进行测量。不要在工件转动或加工时测量，否则容易使测量面磨损，测杆弯曲，甚至折断。

(7) 按被测尺寸调整外径千分尺时，要慢慢地转动微分筒或测力装置，不要握住微分筒挥动或摇转尺架，以免使精密螺杆变形。

(8) 使用外径千分尺测同一长度时，一般应反复测量几次，取其平均值作为测量结果。

(9) 外径千分尺用毕后，应用纱布擦干净，在测砧和螺杆之间留出一点空隙，放入盒中。如长期不用，应抹上黄油或机油，放置在干燥的地方。注意，不要让外径千分尺接触腐蚀性的气体。

(10) 不允许把外径千分尺浸泡在水中、冷却液或油类等液体中，也不允许在其固定套筒和微分筒之间注入煤油、酒精、机油、柴油或凡士林等。如果外径千分尺被水和机油等液体浸入，可用航空汽油冲洗，然后在测微螺杆的螺纹部分和其他活动部位滴少许润滑油。

(11) 外径千分尺要定期送计量部门进行检定，以保证其准确性。

7.7　内径千分尺

内径千分尺用于内尺寸的精密测量，主要由合金测砧、固定套筒、微分筒、测力装置(棘轮)、制动螺丝组成，如图 7.30 所示。其常用的规格有 5～30 mm，25～50 mm，50～75 mm，75～100 mm 等。

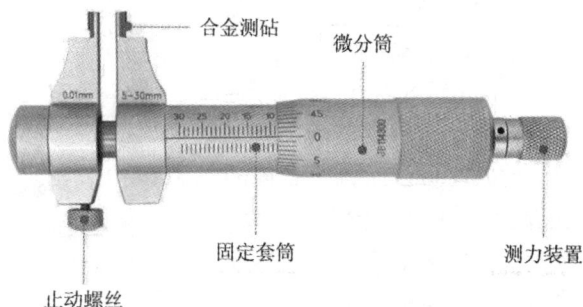

图 7.30　内径千分尺的结构

一、内径千分尺的使用方法

内径千分尺的使用方法如下：

(1) 依被测物孔径大小，选择适当量程的内径千分尺。

(2) 利用环规校准内径千分尺。

(3) 将内径千分尺合金测砧放入被测物孔内，放入时被测物须放平，内径千分尺应正直。

(4) 测试时，左手三个手指拿着内径千分尺的固定套筒，右手旋转微分筒或测力装置。

(5) 当合金测砧与被测物孔内轻微接触时，右手转动测力装置旋钮，使其发出 3～5 声轻响后进行读数，读数方法与外径千分尺相同。

二、内径千分尺使用的注意事项

内径千分尺在使用中有如下的注意事项：

(1) 测量时必须注意温度的影响，在测量过程中应避免测量时间过长和用手大面积地接触内径千分尺，尤其是大尺寸测量时要特别注意。

(2) 内径千分尺测量工作时要使用测力装置，以方便测量者掌握好测力的大小，避免旋转力过大而损坏千分尺或造成很大误差。

(3) 用内径千分尺测量孔径时，被测表面必须擦拭干净，同时每一截面至少要在相互垂直的两个方向上进行，深孔要适当增加截面数量。

(4) 为了提高测量精度，应考虑内径千分尺修正量的使用。

7.8　深度千分尺

深度千分尺由微分筒、固定套管、测量杆、基座、测力装置、锁紧装置等组成，如图7.31所示，用于机械加工中的深度、台阶等尺寸的测量。

深度千分尺在使用中的注意事项如下：

(1) 使用前先将深度千分尺擦干净，然后检查其各活动部分是否灵活可靠，在全行程内微分筒的转动要灵活，微分筒的移动要平稳，锁紧装置的作用要可靠。

(2) 根据被测的深度或高度选择并换上测量杆。

(3) 0～25 mm 的深度千分尺可以直接校对零位：采用 00 级平台，将平台、深度千分尺的基准面和测量面擦干净，旋转微分筒，使其端面退至固定套筒的零线之外，然后将千分尺的基准面贴在平台的工作面上，左手压住基座，右手慢慢旋转测力装置，使测量面与平台的工作面接触后检查零位，即微分筒上的零刻度线应对准固定套筒上的纵刻线，微分筒锥面的端面应与套管零刻度线相切。

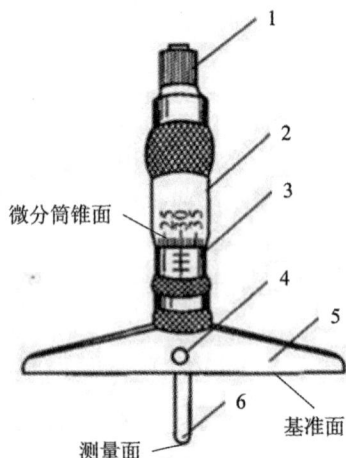

1—测力装置；2—微分筒；3—固定套管；
4—锁紧装置；5—基座；6—测量杆。

图 7.31　深度千分尺的结构

(4) 测量范围大于 25 mm 的深度千分尺，要用校对量具(可以用量块代替)校对零位。把校对量具和平板的工作面擦净，将校对量具放在平板上，再把深度千分尺的基准面贴在校对量具上校对零位。

(5) 使用深度千分尺测量盲孔、深槽时，往往看不见孔、槽底的情况，所以操作深度千分尺时要特别小心，切忌盲目用力。

(6) 当被测孔的口径或槽宽大于深度千分尺的底座时，可以用一辅助定位基准板进行测量。

7.9　角度测量

一、角度量块

角度量块是角度检测中的标准量具，用来检定和调整测角仪器和量具的校对角度样板，也可以直接用于检验高精度的工件。

角度量块是能在两个具有研合性的平面间形成准确角度的量规，是一种角度计量基准，适用于万能角度尺和角度样板的检定。

利用角度量块附件可以把不同角度的量块组成需要的角度，常用于检定角度样板和万能角度尺等，也可用于直接测量工件的角度。角度量块有两种：测量角 α 在 $10°\sim79°$ 间有一个测量角的称为 I 型角度量块，如图 7.32(a)所示；测量角 α 在 $80°\sim100°$ 间有 4 个测量角的称为 II 型角度量块，如图 7.32(b)所示。角度量块成套提供，分 0 级、1 级、2 级三种精度，其测量角 α 的允许偏差分别为 $\pm3''$、$\pm10''$ 和 $\pm30''$。

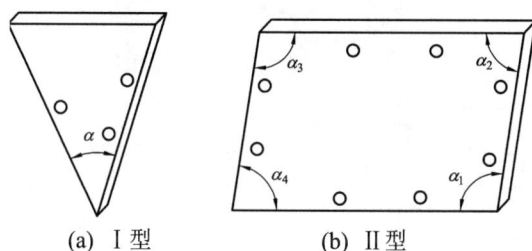

(a) I 型　　　　(b) II 型

图 7.32　角度量块

二、刀口形直角尺

刀口形直角尺是检验和划线工作中常用的量具，用于检测工件的垂直度及工件相对位置的垂直度，是一种专业量具，适用于机床、机械设备及零部件的垂直度检验，安装加工定位以及划线等，是机械行业中的重要测量工具，如图 7.33 所示。

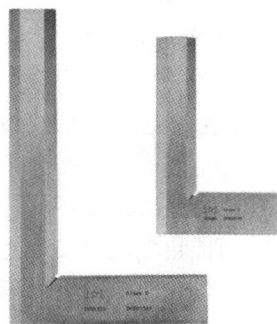

图 7.33　刀口形直角尺

刀口形直角尺简称为角尺，在有些场合还被称为靠尺。直角尺通常用钢、铸铁或花岗岩制成，按材质，它可分为铸铁直角尺、镁铝直角尺和花岗石直角尺。直角尺有不同的精度等级，0 级直角尺用于检验精密工件；1 级直角尺用于检验一般工件。

角尺在使用中的注意事项如下：

(1) 使用角尺前，应先检查角尺工作面和边缘是否被碰伤。角尺长边的左、右面和短边的上、下面都是工件面(即内、外直角)。将角尺工作面和被检工作面擦净。

(2) 使用时，将角尺的工作面靠放在被测工件的工作面上，用光隙法鉴别工件的角度是否正确。注意轻拿、轻靠、轻放，防止变曲变形。

(3) 为了使测量结果更加准确，可将角尺翻转 180°再测量一次，取两次读数的算术平均值作为其测量结果，可消除角尺本身的偏差。

三、万能角度尺

万能角度尺又被称为角度规、游标角度尺和万能量角器，是利用游标读数原理来直接测量工件角或进行划线的一种角度量具。万能角度尺是由直角尺、游标尺、锁紧装置、扇形板、卡块、主尺、基尺、直尺等组成的，如图 7.34 所示。万能角度尺适用于机械加工中的内、外角度测量，可测量 0°～320°外角及 40°～130°内角。

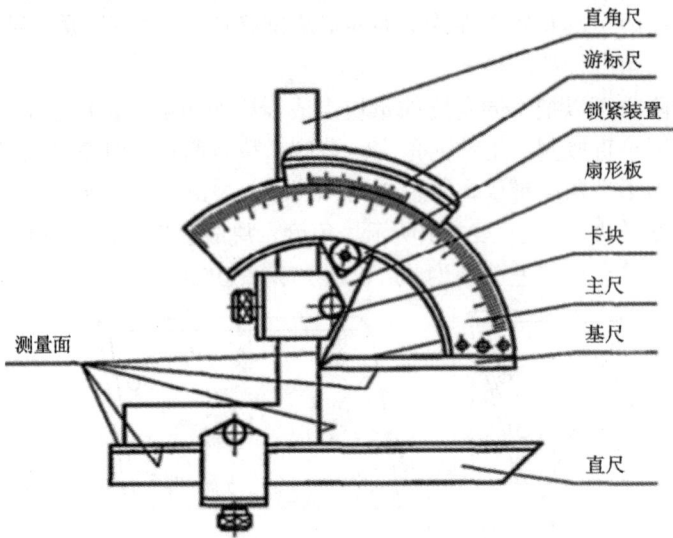

图 7.34　万能角度尺的组成

1. 读数

万能角度尺的读数机构是根据游标原理制成的，其主尺刻线每格为 1°，游标的刻线是取主尺的 29°等分为 30 格，因此游标刻线角格为 29′/30，即主尺与游标尺一格的差值为 2′，也就是说，万能角度尺读数的准确度为 2′。除此之外，它还有 5′和 10′两种精度。其读数方法与游标卡尺完全相同，先读出游标零线前的角度，再从游标上读出角度"分"的数值，然后两者相加，即是被测零件的角度数值。

万能角度尺的尺座上，基本角度的刻线只有 0°～90°，如果测量的零件角度大于 90°，则在读数时应加上一个基数(90°，180°，270°)；当零件角度大于 90°～180°时，被测角度＝90°＋角度尺读数；当零件角度大于 180°～270°时，被测角度＝180°＋量角尺读数；当零件角度大于 270°～320°被测角度＝270°＋角度尺读数。

2. 使用方法

在用万能角度尺测量时，应先校准零位。万能角度尺的零位，即当直角尺与直尺均装上，而直角尺的底边及基尺与直尺无间隙接触时，主尺与游标的"0"线对准。调整好零位后，通过改变基尺、直角尺、直尺的相互位置，可测试 0°～320°范围内的任意角。

在万能角度尺上，基尺是固定在尺座上的，直角尺用卡块固定在扇形板上，游标尺用卡块固定在直角尺上。若把直角尺拆下，也可把直尺固定在扇形板上。由于直角尺和直尺可以移动和拆换，因此万能角度尺可以测量 0°～320° 范围内的任何角度。

测量时，结合图 7.35，再根据产品被测部位的情况，先调整好万能角度尺的直角尺或直尺的位置，用卡块上的螺钉把它们紧固住，再调整基尺测量面与其他有关测量面之间的夹角。这时，要先松开制动头上的螺母，移动主尺作粗调整，然后再转动扇形板背面的微动装置作细微调整，直到两个测量面与被测表面密切贴合为止。然后拧紧锁紧装置上的螺母，把万能角度尺取下来读数。

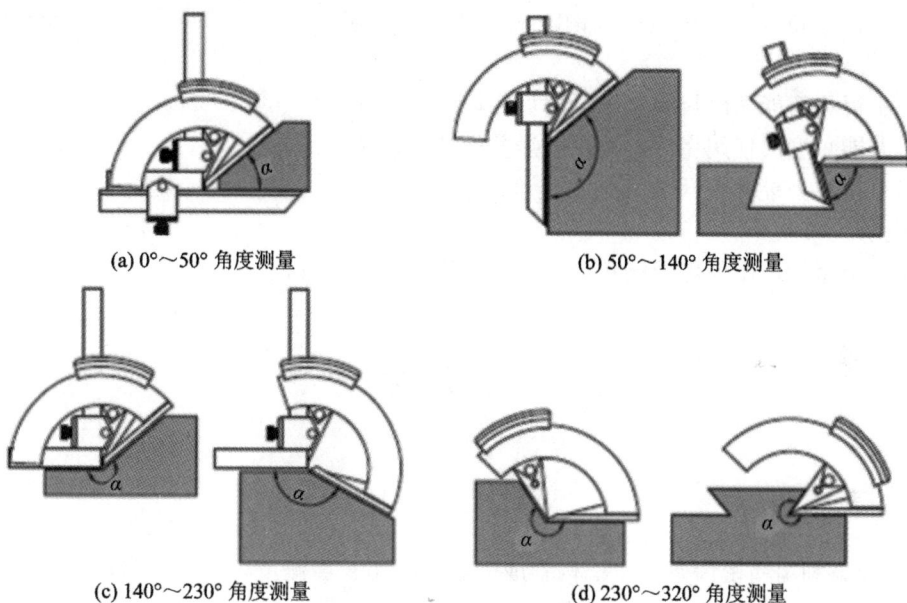

(a) 0°～50° 角度测量　　(b) 50°～140° 角度测量

(c) 140°～230° 角度测量　　(d) 230°～320° 角度测量

图 7.35　万能角度尺测量角度

(1) 测量 0°～50° 范围内的角度。

如图 7.35(a)所示，将直角尺和直尺全都装上，产品的被测部位放在基尺和直尺的测量面之间进行测量。

(2) 测量 50°～140° 范围内的角度。

如图 7.35(b)所示，可把直角尺卸掉，把直尺装上，使它与扇形板连在一起。工件的被测部位放在基尺和直尺的测量面之间进行测量。也可以不拆下直角尺，只把直尺和卡块卸掉，再把直角尺拉到下边，直到直角尺短边与长边的交线和基尺的尖棱对齐为止。工件的被测部位应放在基尺和直角尺短边的测量面之间进行测量。

(3) 测量 140°～230° 范围内的角度。

如图 7.35(c)所示，把直尺和卡块卸掉，只装直角尺，但要把直角尺推上去，直到直角尺短边与长边的交线和基尺的尖棱对齐为止。工件的被测部位应放在基尺和直角尺短边的测量面之间进行测量。

(4) 测量 230°～320° 范围内的角度。

如图 7.35(d)所示，把直角尺、直尺和卡块全部卸掉，只留下扇形板和主尺(带基尺)。把产品的被测部位放在基尺和扇形板测量面之间进行测量。

用万能角度尺测量零件角度时，零件的两个表面应与直角尺的两个测量面的全长上的任意处都接触良好，以免产生测量误差。

3. 注意事项

(1) 测量时应先校准零位。

(2) 根据所测角度适当组合量尺，两个测量面与被测表面密切贴合。

(3) 万能角度尺外表有磨损时，不允许用手锤、锉刀等工具自己修理，应交由专业修理部门修理，修理后经检定合格后才允许使用。

(4) 不得使用纱布或普通磨料(金刚砂)擦除刻度尺表面的锈迹和污物。

(5) 不得在角度尺刻度线处打钢印或记号，以免导致刻线不准确，必要时允许用电刻法或化学法刻蚀记号。

(6) 不得将万能角度尺放在磁场附近，以免被磁化。

(7) 万能角度尺使用完后应擦拭干净并平放，以免变形。

(8) 不得将万能角度尺与其他工具堆放在一起，应将它放置在专用量具盒内，防止被污染和生锈。

(9) 一个星期内不使用万能角度尺时，应进行防锈处理。

7.10　指示类量具

一、百分表

百分表是利用精密齿条齿轮机构制成的表式通用长度测量工具，通常由测头、测杆、固定杆、齿轮、圆表盘及指针等组成，如图 7.36 所示。

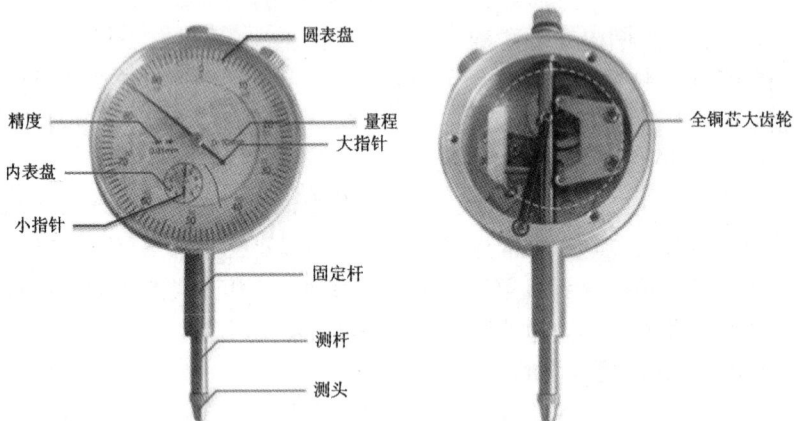

图 7.36　百分表结构

百分表的工作原理是，将被测尺寸引起的测杆微小直线移动，经过齿轮传动放大，变为指针在刻度盘上的转动，从而读出被测尺寸的大小。百分表是利用齿条齿轮或杠杆齿轮的传动，将测杆的直线位移变为指针的角位移的计量器具。百分表的读数准确度为 0.01 mm。当测杆向上或向下移动 1 mm 时，通过齿轮传动系统带动大指针转一圈，内

百分表在机床
找正工件

表盘的小指针转一格。刻度盘在圆周上有 100 个等分格，各格的读数值为 0.01 mm。小指针每格读数为 1 mm。测量时指针读数的变动量即为尺寸变化量。刻度盘可以转动，以便测量时大指针对准零刻线。

百分表既能测出相对数值，也能测出绝对数值，主要用于测量形状和位置误差，也可用于机床上安装工件时的精密找正。

1. 测量工件的外尺寸

利用百分表架、百分表和量块可以批量检测工件的实际尺寸，如图 7.37 所示。首先将平台擦拭干净，将合适的量块放置在平台上，再缓慢移动百分表，将百分表的测头与量块接触并给以 0.5 mm 的压表量，然后转动表盘，使百分表的指针指向零。将量块取下，将工件放置在平台上时，记下百分表的数值，该数值加上量块的尺寸即为该工件的实际尺寸。如果百分表的指针正好指向零，则说明工件的实际尺寸为量块尺寸，如果百分表的读数为 +0.02 mm，则工件的实际尺寸为量块尺寸加上 0.02 mm。

2. 使用注意事项

(1) 使用前，应检查测杆活动的灵活性。轻轻推动测杆时，测杆在套筒内的移动要灵活，没有任何轧卡现象，且每次手松开后，指针能回到原来的刻度位置。

(2) 使用时，必须把百分表固定在可靠的夹持架上。切不可贪图省事，随便夹在不稳固的地方，否则容易造成测量结果不准确，或摔坏百分表。

图 7.37　指示表测量工件

百分表批量测量工件尺寸

(3) 测量时，不要使测杆的行程超过它的测量范围，不要使表头突然撞到工件上，也不要用百分表测量表面粗糙或显著凹凸不平的工件。

(4) 测量平面时，百分表的测杆要与平面垂直，测量圆柱形工件时，测杆要与工件的中心线垂直，否则，将使测杆活动不灵或测量结果不准确。

(5) 为方便读数，在测量前一般都让百分表大指针指到刻度盘的零位。

(6) 百分表应远离液体，不使冷却液、切削液、水或油与百分表接触。

(7) 不使用时，卸下百分表，使表解除其所有负荷，让测杆处于自由状态。

(8) 百分表应成套保存于盒内，避免丢失与混用。

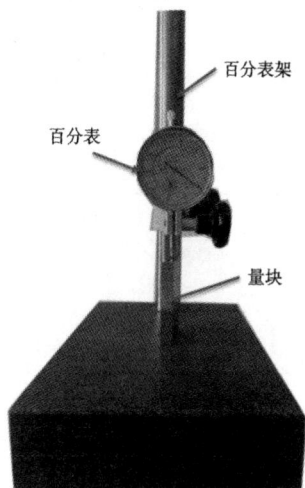

二、内径百分表

内径百分表即将百分表装到内径表杆上，是常用的内孔量具，主要用于以比较法测量孔径或槽宽、孔或槽的几何形状误差，如图 7.38 所示。在测量深孔或批量工件时，其适用性极好，检测效率较高且成本不高，是目前在无法使用光滑极限量规测量时的主要选用量具。内径百分表是比较测量用的测量工具，其基本尺寸由其他测量工具提供；根据测量精度要求，提供尺寸的测量工具是外径千分尺、环规、量块和量块附件的组合；在机械加工车间，最常用外径千分尺来确定基本尺寸。表 7.12 列出了内径百分表测量范围、分度值和最大允许误差。

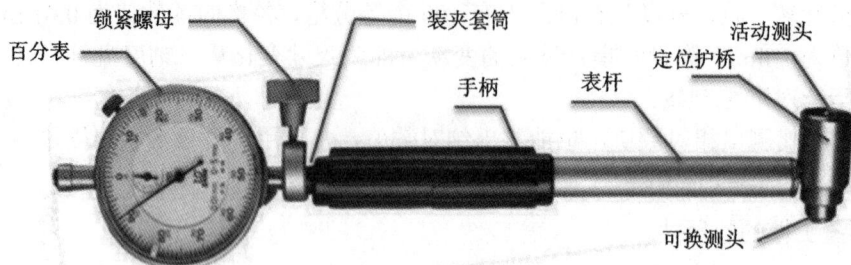

图 7.38　内径百分表

表 7.12　内径百分表测量范围、分度值和最大允许误差

分度值/mm	测量范围/mm	最大允许误差/μm
0.01	6～10	±12
	10～18	
	18～35	±15
	35～50	
	50～100	±18
	100～160	
	160～250	
	250～450	
0.001	6～10	±5
	10～18	
	18～35	±6
	35～50	
	50～100	±7
	100～160	
	160～250	
	250～450	

1. 使用方法

(1) 根据被测工件尺寸，选择相应尺寸的可换测头，安装在内径百分表杆上。

(2) 把百分表的装夹套筒擦净，将百分表小心地装入，并使表的指针转过半圈左右(0.5 mm)，俗称"压表"，用紧固螺钉压紧夹头，夹紧力不宜过大，以免卡住测量杆。调整时，表针应压缩 1 mm 左右，目的是使百分表有一定的初始压力，同时也明确百分表和表杆已经接触。

内径百分表
使用方法

(3) 校准百分表，如图 7.39 所示，左手握住表杆手柄部位，右手按下定位护桥，把活动测头压下，放进环规或外径千分尺内。前后摆动，找到拐点后停止摆动，用另一只手转动表盘圈，使"0"线与指针的"拐点"重合，并记住毫米指针的位置，此时，指针和毫米

指针的位置是外径千分尺刻度的大小反映在百分表上的具体位置。

重复以上操作，确定零位已校对准确。

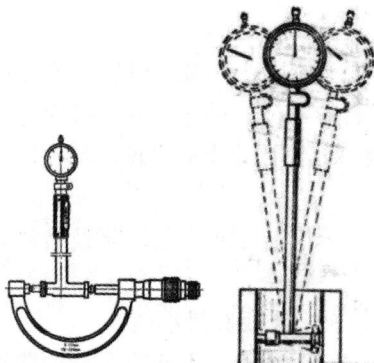

图 7.39　校准百分表

(4) 测量。将内径百分表前后摆动找最小值，观察指针的位置。如果指针顺时针方向超过零位(俗称升表)，说明被测孔径小于校对环规的孔径。如果指针逆时针方向超过零位(俗称降表)，说明被测孔径大于校对环规的孔径。内径百分表指针摆动的原理如图 7.40(a)、(b)所示。

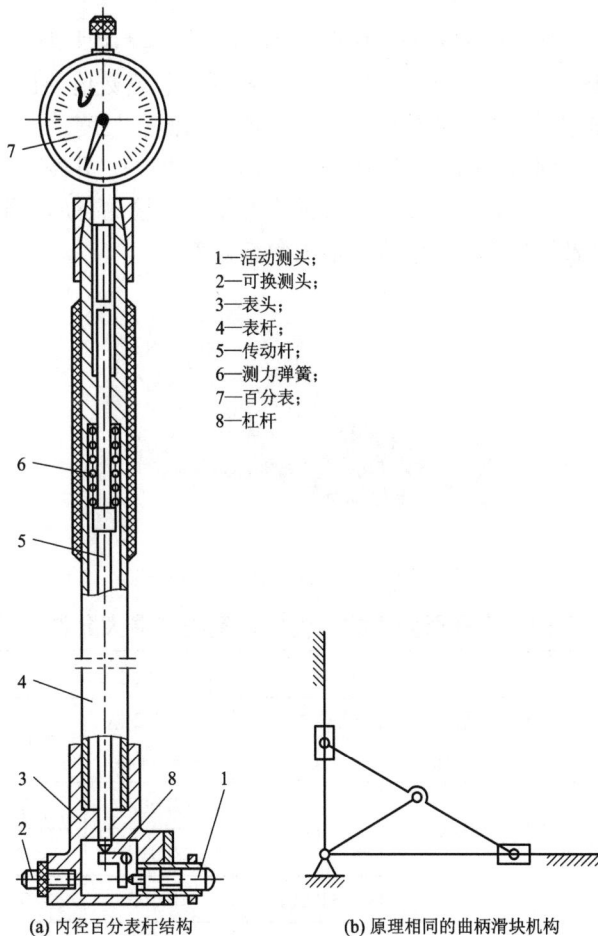

1—活动测头；
2—可换测头；
3—表头；
4—表杆；
5—传动杆；
6—测力弹簧；
7—百分表；
8—杠杆

(a) 内径百分表杆结构　　　(b) 原理相同的曲柄滑块机构

图 7.40　内径百分表指针摆动原理

注意　活动测头向左运动 1 mm，通过杠杆，推动传动杠杆向上运动 1 mm，即百分表顺时针转动 1 圈。

2. 使用注意事项

(1) 测量前，必须根据被测工件尺寸，选用相应尺寸的测头，安装在内径百分表上。

(2) 使用前，应调整百分表的零位。根据被测工件尺寸，选择相应精度标准环规或用量块及量块附件的组合体来调整内径百分表的零位。调整时，表针应压缩 1 mm 左右，表针指正上方为宜。

(3) 调整及测量中，内径百分表的测头应与环规及被测孔径轴线垂直，即在径向找最大值，在轴向找最小值。

(4) 测量槽宽时，在径向及轴向均找其最小值。

(5) 使用时，手只能捏在表杆手柄上，不要将人体的热量传到内径百分表的测杆上，以免增加测量误差。

(6) 用完后，将内径百分表放入专用木盒内存放。

三、杠杆百分表

杠杆百分表又称为杠杆表或靠表，如图 7.41 所示，是利用杠杆-齿轮传动机构或者杠杆-螺旋传动机构，将尺寸变化为指针角位移，并指示出长度数值的计量器具。它用于测量工件几何形状误差和相互位置的正确性，并可用比较法测量长度。由于杠杆百分表的测头可回转 180°，因此，特别适宜测量受空间限制的小孔、凹槽、孔距、坐标等尺寸，在机械加工中还可以装夹工件后找正待加工孔或轴的中心轴线、检测待加工平面的平面度等。表 7.13 列出了杠杆百分表的分度值、量程和最大允许误差。

图 7.41　杠杆百分表

表 7.13　杠杆百分表的分度值、量程和最大允许误差

分度值/mm	量程/mm	最大允许误差/mm				
		任意 5 个标尺标记	任意 10 个标尺标记	任意 1/2 量程(单向)	单向量程	双向量程
0.01	0.8	±0.004	±0.005	±0.008	±0.010	±0.013
	1.6			±0.010	±0.020	±0.023
0.002	0.2	—	±0.002	±0.003	±0.004	±0.006
0.001	0.12	—	±0.002	±0.003	±0.003	±0.005

1. 使用方法

杠杆百分表可以检测键槽的直线度，如图 7.41(a)所示，还可以用于内、外圆柱的同轴度检测，如图 7.42(b)、(c)所示。

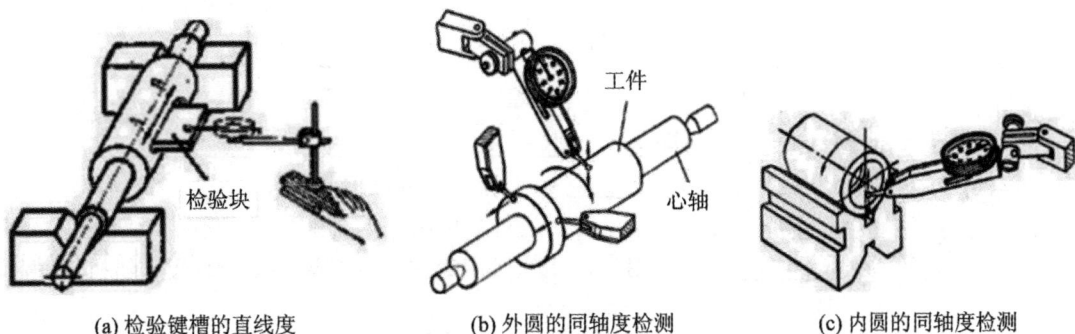

(a) 检验键槽的直线度　　　　(b) 外圆的同轴度检测　　　　(c) 内圆的同轴度检测

图 7.42　杠杆百分表的使用

2. 使用注意事项

(1) 测量时，必须尽可能使测杆的轴线垂直于工件被测面，如图 7.43 所示。

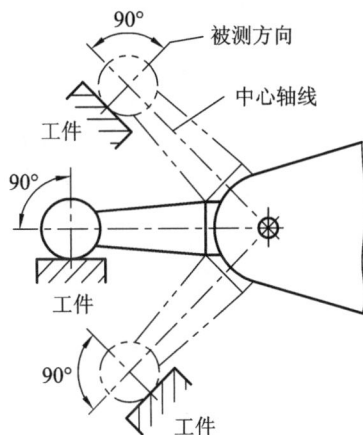

图 7.43　杠杆百分表垂直于工件

杠杆百分表使用方法

(2) 若无法使测杆的轴线垂直被测工件被测面，如图 7.44 所示，测量结果应按下式修正：

$$A = B\cos\alpha$$

式中，A——正确的测量结果；

　　　B——测量读数；

　　　α——测量线与工件被测面的夹角。

(3) 测量完后，应将杠杆百分表擦干净，放在专用木盒中保存。

(4) 杠杆百分表应固定在可靠的表架上，测量前必须检查百分表是否夹牢，并多次提拉百分表测杆与工件接触，观测其重复指示值是否相同。

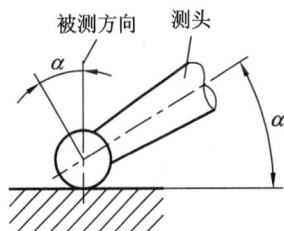

图 7.44　杠杆百分表与工件存在夹角

　　(5) 测量时，不能用工件撞击测头，以免影响测量精度或撞坏百分表。为保持一定的初始压力，测头与工件接触时，测杆应有 0.3～0.5 mm 的压缩量。

习　　题

　　1. 测量误差可分为三大类，即 _____、_____和_____。

　　2. 游标卡尺的分度值一般为_____，千分尺的分度值一般为_____。

　　3. _____用来描述系统误差对测量结果的影响程度。系统误差越小，则_____越高。_____用来描述随机误差对测量结果的影响程度。随机误差越小，_____越高。

　　4. 在具体测量中，能表示系统误差和随机误差综合影响的指标是_____。

　　5. 量块的"等"和"级"有何区别？使用时哪种精度高？

参 考 文 献

[1] 徐茂公. 公差配合与技术测量. 北京：机械工业出版社，2021.

[2] 原机械工业部. 公差配合与测量. 北京：机械工业出版社，2017.

[3] 薛岩. 公差配合新标准解读及应用示例. 北京：化学工业出版社，2014.

[4] 张远平. 互换性与测量技术. 西安：西安电子科技大学出版社，2018.

[5] 张国刚. 公程基础训练与劳动教育. 西安：西安电子科技大学出版社，2022.

[6] 中国国家标准化管理委员会. 产品几何技术规范(GPS) 线性尺寸公差 ISO 代号体系 第 1 部分：公差、偏差和配合的基础 GB/T 1800.1—2020 [S]. 北京：中国标准出版社，2020.

[7] 中国国家标准化管理委员会. 产品几何技术规范(GPS) 线性尺寸公差 ISO 代号体系 第 2 部分：标准公差带代号和孔、轴的极限偏差表 GB/T 1800.2—2020 [S]. 北京：中国标准出版社，2020.

[8] 中国国家标准化管理委员会. 产品几何技术规范(GPS) 几何公差 形状、方向、位置和跳动公差标注 GB/T 1182—2018 [S]. 北京：中国标准出版社，2018.

[9] 中国国家标准化管理委员会. 产品几何技术规范 技术产品文件中表面结构的表示法 GB/T 131—2006 [S]. 北京：中国标准出版社，2006.

[10] 中国国家标准化管理委员会. 产品几何规范(GPS)表面结构轮廓法 GB/T 1031—2016 [S]. 北京：中国标准出版社，2016.

[11] 中国国家标准化管理委员会. 产品几何技术规范(GPS)表面结构 轮廓法 术语、定义及表面结构参数 GB/T 3505—2009 [S]. 北京：中国标准出版社，2009.

[12] 中国国家标准化管理委员会. 产品几何量技术规范(GPS) 圆锥的锥度与锥角系列 GB/T 157—2001 [S]. 北京：中国标准出版社，2001.

[13] 中国国家标准化管理委员会. 产品几何量技术规范(GPS) 圆锥公差 GB/T 11334—2005 [S]. 北京：中国标准出版社，2005.

[14] 中国国家标准化管理委员会. 产品几何量技术规范(GPS) 圆锥配合 GB/T 12360—2005 [S]. 北京：中国标准出版社，2005.

[15] 中国国家标准化管理委员会. 技术制图 圆锥的尺寸和公差注法 GB/T 15754—1995 [S]. 北京：中国标准出版社，1996.

[16] 中国国家标准化管理委员会. 产品技术几何规范(GPS) 基础概念、原则和规则 GB/T 4249—2018 [S]. 北京：中国标准出版社，2018.

[17] 中国国家标准化管理委员会. 产品几何技术规范(GPS) 光滑工件尺寸的检验 GB/T 3177—2016 [S]. 北京，中国标准出版社，2016.

[18] 中国国家标准化管理委员会. 产品几何量技术规范(GPS) 表面结构 轮廓法 具有复

合加工特征的表面　第 1 部分：滤波和一般测量条件　GB/T 18778.1—2002 [S]. 北京，中国标准出版社，2002.

[19]　中国国家标准化管理委员会. 产品几何技术规范(GPS) 表面结构 轮廓法 评定表面结构的规则和方法 GB/T 10610—2009 [S]. 北京：中国标准出版社，2009.

[20]　王伯平. 互换性与测量技术基础. 北京：机械工业出版社，2019.

[21]　徐灏等. 新编机械设计师手册. 北京：机械工业出版社，1995.

[22]　机械工程手册编委会. 机械工程手册. 北京：机械工业出版社，1997.

[23]　尹建山. 简明检验工手册. 北京：机械工业出版社，2013.

[24]　中国国家标准化管理委员会. 一般公差 未注公差的线性和角度尺寸的公差 GB/T 1804—2000 [S]. 北京：中国标准出版社，2016.

[25]　中国国家标准化管理委员会. 机械制图 尺寸标注 GB/T 4458.4—2003 [S]. 北京：中国标准出版社，2003.

[26]　中国国家标准化管理委员会. 产品几何技术规范(GPS) 工件与测量设备的测量检验 第 2 部分：GPS 测量、测量设备校准和产品验证中的测量不确定度评估指南 GB/T 18779.2—2023 [S]. 北京：中国标准出版社，2023.